"十二五"职业教育国家规划教材 修订版

经全国职业教育教材审定委员会审定

COMPUTER TECHNOLOGY

网络服务器配置与管理 第3版

王国鑫◎编著

机械工业出版社

CHINA MACHINE PRESS

本书以让读者熟练掌握主流网络服务器的配置与管理为目标，结合教育部公布的第二批、第三批 1+X 试点证书中的云计算、网络维护相关职业技能等级证书标准编写。本书采用 CentOS 7、Windows Server 2016 两个操作系统平台，介绍当今主流的服务器配置、管理技术。

全书分 10 章，共 24 个典型工作任务，介绍了操作系统安装，服务器操作基础技能，NFS、Samba、DHCP、DNS、FTP、Web 等常见服务器的配置与管理，Windows 域控制器的搭建，KVM 和 Docker 技术，以及服务器综合管理配置实训（PXE、LAMP、LNMP）。完成每章服务器基本配置任务之后，在拓展与提高环节提供具有综合性的配置案例，帮助读者掌握解决实际配置问题的技能。本书内容力求做到实用性强、易于操作，使读者能够迅速将所学知识应用于实践。

本书不仅可以作为高职院校云计算、网络技术类专业学生的教材，也可以作为网络管理员及网络爱好者的培训教材或技术参考用书。

本书配有授课电子课件、电子教案、授课计划、习题答案等，需要的教师可登录 www.cmpedu.com 免费注册、审核通过后下载，或联系编辑索取（微信：15910938545，电话：010-88379739）。

图书在版编目（CIP）数据

网络服务器配置与管理 / 王国鑫编著．—3 版．—北京：机械工业出版社，2021.7（2024.8 重印）

"十二五"职业教育国家规划教材

ISBN 978-7-111-68056-7

Ⅰ．①网…　Ⅱ．①王…　Ⅲ．①网络服务器-高等职业教育-教材

Ⅳ．①TP368.5

中国版本图书馆 CIP 数据核字（2021）第 070797 号

机械工业出版社（北京市百万庄大街 22 号　邮政编码 100037）

策划编辑：王海霞　　责任编辑：王海霞

责任校对：张艳霞　　责任印制：单爱军

天津嘉恒印务有限公司印刷

2024 年 8 月·第 3 版·第 8 次印刷

184mm×260mm・15.25 印张・378 千字

标准书号：ISBN 978-7-111-68056-7

定价：59.00 元

电话服务

客服电话：010-88361066

010-88379833

010-68326294

封底无防伪标均为盗版

网络服务

机 工 官 网：www.cmpbook.com

机 工 官 博：weibo.com/cmp1952

金 书 网：www.golden-book.com

机工教育服务网：www.cmpedu.com

前　　言

党的二十大报告指出，推进新型工业化，加快建设制造强国、质量强国、航天强国、交通强国、网络强国、数字中国。计算机网络技术是当今发展十分迅速的技术之一，作为计算机网络技术的核心，服务器技术也在不断推陈出新。2019 年 2 月，国务院印发《国家职业教育改革实施方案》，要求完善教育教学相关标准，启动 1+X 证书制度试点工作。截至目前，与服务器配置与管理相关的职业技能等级证书有南京第五十五所的"云计算平台运维与开发"证书，联想公司的"云计算中心运维服务"证书，腾讯云公司的"云服务操作管理"证书，阿里巴巴公司的"云计算开发与运维"证书，华为技术有限公司的"网络系统建设与运维"证书等。这些职业技能等级证书标准对服务器相关领域的知识、技能提出了新的要求。

《网络服务器配置与管理》（第 2 版）是"十二五"职业教育国家规划教材，出版以后得到了兄弟院校及广大读者的肯定与认可。结合上述几个相关的职业技能等级证书标准，以及 VMware vSphere 桌面云、华为 Fusion Access 桌面云涉及的服务器配置领域，本书第 3 版增加了 Linux 虚拟化及容器技术、Windows 域控制器，及服务器综合实训（PXE、LAMP、LNMP）等内容。同时，将第 2 版的 RedHat Enterprise Linux 6.0 平台升级到 CentOS 7，将 Windows Server 2008 平台升级到 Windows Server 2016。

全书分 10 章，共 24 个工作任务，全部在虚拟机软件 VMware 环境下实现。任务涵盖了操作系统安装，服务器操作基础技能，NFS、Samba、DHCP、DNS、FTP、Web 等常见服务器的配置与管理，Windows 域控制器的搭建，KVM 和 Docker 虚拟化及容器技术，服务器综合管理配置实训（PXE、LAMP、LNMP）。每章在完成服务器基本配置任务之后，在拓展与提高环节提供具有综合性的配置案例，以便让读者掌握解决实际配置问题的技能。本书结合不同的操作系统平台，深入浅出地介绍各种主流网络服务器配置与管理，力求做到简洁明了、可操作性强，使读者能够快速提升解决实际问题的综合职业技能。

作为高职高专教材，本书在每章末提供了习题与实训，以巩固读者对服务器配置与管理知识的掌握。本书建议教学时长为课堂教学 96 学时、实训教学 1 周。

本书在编写过程中，得到了山东电子职业技术学院李晨光，济南博赛网络技术有限公司总经理董良、技术总监宁方明等同志的大力支持，在此表示衷心感谢。

由于作者水平有限，并且本书所涉及的知识点很多，虽力求完美，但书中难免有不妥和错误之处，敬请读者批评指正。作者计划适时推出配套微课，读者可以通过电子邮箱 ksw163@163.com 与作者联系，一起探讨、学习服务器领域知识。

作　者

目　录

第1章　服务器基础环境搭建

计算机网络中的服务是由各种服务器来提供的，无论这些服务器是物理服务器还是云端服务器。对网络管理员来讲，首先要将服务器的基础环境搭建起来，才能考虑配置、管理具体服务的问题。本书所讲的关于服务器配置、管理的内容，都是基于 Linux 和 Windows Server 两种操作系统来介绍的。操作系统的安装通常有 3 种方式：在物理机上通过光驱安装、从网络中安装、在虚拟机中安装。

1.1　学习情境设计

1.1.1　学习情境导入

新星公司由于业务发展的需要，建设了自己的信息系统。为了便于管理网络及实现各种业务应用，公司信息中心决定搭建网络服务所需的服务器基础环境。Linux 与 Windows Server 是当今两大主流的网络操作系统平台，新星公司服务器操作系统平台或者选用 CentOS 7（Community Enterprise Operating System，社区企业操作系统），或者选用 Windows Server 2016。

现代网络技术中，虚拟化技术已经得到广泛应用，因此新星公司的服务器部署在 VMware 虚拟环境中。

1.1.2　教学导航

通过本章的学习与实训，读者可以掌握 Linux 与 Windows Server 虚拟机的创建方法，以及在虚拟机中 CentOS 7、Windows Server 2016 操作系统的安装方法。教学导航如表 1-1 所示。

表 1-1　教学导航

章节重点	1）虚拟机的创建，虚拟机的网络设置； 2）CentOS 7 操作系统的安装； 3）Windows Server 2016 操作系统的安装
章节难点	虚拟机各项属性的设置
技能目标	1）能够完成虚拟机的创建和设置工作任务； 2）能够完成 CentOS 7 操作系统的安装工作任务； 3）能够完成 Windows Server 2016 操作系统的安装工作任务
知识目标	了解操作系统的基础知识，掌握网络服务的基础知识
建议学习方法	通过教师的课堂演示，自己动手创建虚拟机，完成 CentOS 7、Windows Server 2016 操作系统的安装。在安装过程中掌握关键步骤的设置要点

1.2　基础知识

1.2.1　网络操作系统

网络操作系统向网络中的其他主机提供网络通信保障及网络应用服务，负责管理网络资源及网络用户。网络操作系统的主要功能是管理网络上的各种资源，提高网络的可用性和可靠性，是网络的"心脏"和"灵魂"。由于网络操作系统是运行在服务器上的，所以也称为服务器操作系统。

网络操作系统与个人计算机操作系统（如 Windows 10 等）的区别是一所提供的服务类型不同。一般情况下，网络操作系统以使网络相关特性最佳为目的，如提供文件共享服务、DHCP 服务等。而个人计算机操作系统，其目的是让用户与各种应用程序之间的交互更佳。

目前，常见的网络操作系统有 UNIX 系统、Linux 系统、Windows Server 系统、NetWare 系统等。一般来说，UNIX 系统用于大型网站或大型企事业单位的局域网中，Linux 系统用于中型企事业单位的局域网中，Windows Server 系统则以中小企业应用居多。

1.2.2 常见的网络服务

网络服务提供网络管理及网络应用等功能，一般采用客户机/服务器结构（Client/Server）。客户机（Client）将所需的数据通过网络向服务器发送请求，服务器（Server）收到信息后，搜索符合的数据，再通过网络回应给客户机。

常见的网络服务有 NFS 服务、Samba 服务、FTP 服务、DNS 服务、Web 服务、DHCP 服务等。

1. NFS 服务

NFS（Network File System，网络文件系统）是类 UNIX 系统支持的文件系统中的一种，允许一个系统在网络上共享目录和文件。通过使用 NFS 服务，用户和程序可以像访问本地文件一样访问远端系统上的文件。NFS 服务一般用于类 UNIX 系统之间的资源共享，现在常用于云计算平台的 NAS 存储。

2. Samba 服务

Samba 主要用来实现 Linux 系统的文件和打印机共享服务。Linux 用户通过配置 Samba 服务器可以实现与 Windows 用户的文件及打印机共享。现在它也常用于云计算平台的 NAS（Network Attached Storage，网络附属存储）存储。

3. FTP 服务

FTP（File Transfer Protocol，文件传输协议）服务的主要功能是在两台联网的计算机之间传输文件，如图像、声音、数据压缩文件等。它还提供登录、目录查询、文件操作、命令执行及其他会话控制功能。FTP 服务由提出请求的客户机和提供服务的服务器组成，既可以将文件从服务器复制到客户机上，也可以将客户机上的文件复制到服务器上，前者称为下载（download），后者称为上传（upload）。与 NFS、Samba 相比，FTP 是跨平台的服务。

4. DNS 服务

上网的时候，用户输入的通常是网址，其实这是一个域名。而网络上的计算机之间只能用 IP 地址才能相互识别。访问 Web 服务器时，可以在浏览器地址栏中输入网址或相应的 IP 地址，但是 IP 地址很难记忆，而域名比较容易记忆。域名与 IP 地址的转换称为域名解析。域名解析需要由专门的 DNS（Domain Name System，域名系统）服务器来完成。

5. Web 服务

Web 服务也称为 WWW（World Wide Web，万维网）服务，是目前互联网上应用最广泛的信息服务类型。它是以超文本标记语言（HyperText Markup Language，HTML）与超文本传输协议（HyperText Transfer Protocol，HTTP）为基础，为用户提供界面一致的信息浏览系统。在 Web 服务系统中，信息以页面（也称为网页或 Web 页面）的形式存储在服务器中，这些页面采用超文本方式对信息进行组织，通过超链接的形式将一页信息链接到另一页信息，而这些相互链接的页面信息既可放在同一主机上，也可放在不同的主机上。

6. DHCP 服务

网络中的每台机器至少需要有一个 IP 地址才能被其他主机识别，这就需要为其分配 IP 地址。DHCP（Dynamic Host Configuration Protocol，动态主机配置协议）服务器可以将 IP 地址池中的 IP 地址动态分配给局域网中的客户机，从而减轻网络管理员手工分配 IP 地址的负担。

7. 域服务

域是 Windows Server 系统活动目录的核心单元，是共享同一活动目录的一组计算机的集合。Linux 系统中的域服务是 LDAP（Lightweight Directory Access Protocol，轻量目录访问协议）。大型网络、计算机集群、云计算平台的计算机集群常用域来管理。

安装了活动目录服务的服务器称为域控制器。域控制器（Domain Controller，DC）是活动目录的存储位置。域控制器存储着活动目录数据并管理用户与域的交互关系，其中包括用户登录过程、身份验证和目录搜索等。

1.3　工作任务 1——创建 VMware 虚拟机

工作任务 1

1.3.1　任务目的

新星公司决定在 VMware 虚拟环境中搭建服务器平台，因此在服务器中要安装 VMware 虚拟环境软件，并创建虚拟机。

1.3.2　任务规划

在服务器中安装 VMware 虚拟环境软件，VMware 版本采用 VMware Workstation 15（可以从官方网站 http://www.vmware.com 下载，并可获得试用注册码）。软件安装完成之后创建 CentOS 7 虚拟机及 Windows Server 2016 虚拟机。

1.3.3　在 VMware Workstation 15 中创建虚拟机

VMware Workstation 是一款功能强大的桌面虚拟计算机软件，为每一个虚拟机创建了一套模拟的计算机硬件环境，用户可在单一的桌面上同时运行不同的操作系统。VMware Workstation 可在物理主机上模拟完整的网络环境。

为了使绝大多数 64 位操作系统能够在虚拟机上正常运行，需要将物理主机 BIOS 设置中的虚拟化功能开启。例如，安装 Intel CPU 的物理主机开机进入 BIOS 后，打开 Configuration 菜单或 Security 菜单，选择 Virtualization 或 Intel Virtual Technology，将其值设置成 Enabled，保存设置后重启物理主机。

在 VMware Workstation 15 中创建虚拟机的步骤如下。

1）在"文件"菜单中，选择"创建新的虚拟机"命令，进入虚拟机的创建向导界面，如图 1-1 所示。"典型"将按照 VMware 的默认参数创建虚拟机，"自定义"将根据用户的实际需求创建虚拟机。这里选择"自定义"单选按钮，单击"下一步"按钮，打开"选择虚拟机硬件兼容性"对话框。在该对话框中保持默认设置，即"Workstation 15.x"，如图 1-2 所示。

图 1-1　创建向导　　　　　　　　　　　　　　图 1-2　虚拟机硬件兼容性

2）单击"下一步"按钮，打开"安装客户机操作系统"对话框。在该对话框中选择"稍后安装操作系统"单选按钮，以便对虚拟机做详尽的设置，如图 1-3 所示。

3）单击"下一步"按钮，打开"选择客户机操作系统"对话框。在该对话框中选择将要安装的操作系统，如果要安装 Linux 操作系统，选择"Linux"单选按钮，然后在"版本"下拉列表框中选择操作系统的版本，如图 1-4 所示。

图 1-3　安装客户机操作系统　　　　　　　　　图 1-4　选择 Linux 版本

如果要安装 Windows 操作系统，选择"Microsoft Windows"单选按钮，然后在"版本"下拉列表框中选择操作系统的版本，如图 1-5 所示。

4）单击"下一步"按钮，打开"命名虚拟机"对话框。在该对话框中设置虚拟机的名称及保存路径。虚拟机名称按照规划命名，虚拟机默认保存路径为系统所在分区，建议更改，如图 1-6 所示。

图 1-5　选择 Windows 版本

图 1-6　命名虚拟机

5）单击"下一步"按钮，打开"处理器配置"对话框。在该对话框中设置虚拟机将要使用的 CPU 数量及内核数量，64 位操作系统建议内核总数为偶数，如图 1-7 所示。

6）单击"下一步"按钮，打开"此虚拟机的内存"对话框。在该对话框中设置虚拟机的内存大小，如图 1-8 所示。

图 1-7　设置虚拟机的 CPU

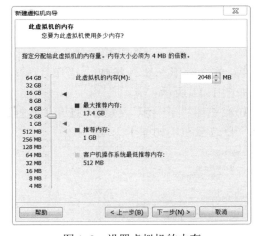

图 1-8　设置虚拟机的内存

7）单击"下一步"按钮，打开"网络类型"对话框。在该对话框中设置虚拟机的网络类型。一般情况下，默认选择"使用网络地址转换（NAT）"，如图 1-9 所示。虚拟机的联网方式有以下 4 种。

● 桥接网络，即新创建的虚拟机使用网桥方式。选择这一选项时，物理主机要安装网卡，这块网卡在 VMware Workstation 中被称为 VMnet0 虚拟机网卡。在这种方式下，主机、虚拟机与外网计算机可以互联互访。

● 网络地址转换（NAT），这时物理主机就像一台支持 NAT 功能的代理服务器，而虚拟机就像 NAT 的客户机一样。这块网卡在 VMware Workstation 中被称为 VMnet8 虚拟机网卡。在这种方式下，主机与虚拟机之间可以互联互访，虚拟机可以单向访问外网计算机。

- 主机模式网络，创建的虚拟机只能与此物理主机上的其他虚拟机连接。这块网卡在 VMware Workstation 中被称为 VMnet1 虚拟机网卡。在这种方式下，虚拟机之间、虚拟机与主机之间可以互联互访，虚拟机不能访问外网计算机。
- 不使用网络，创建的虚拟机中将不创建虚拟网卡，此时虚拟机不能通过网络连接主机和其他虚拟机。

8）单击"下一步"按钮，打开"选择 I/O 控制器类型"对话框。在该对话框中设置虚拟机 I/O 控制器的类型，这里保持默认设置，如图 1-10 所示。

图 1-9　设置网络类型　　　　　　　　图 1-10　选择 I/O 控制器类型

9）单击"下一步"按钮，打开"选择磁盘类型"对话框。在该对话框中保持默认设置，如图 1-11 所示。

10）单击"下一步"按钮，打开"选择磁盘"对话框。在该对话框中选择"创建新虚拟磁盘"单选按钮，如图 1-12 所示。

图 1-11　设置磁盘类型　　　　　　　　图 1-12　创建虚拟磁盘

11）单击"下一步"按钮，打开"指定磁盘容量"对话框。在该对话框中设置虚拟磁盘的大小，选择"将虚拟磁盘存储为单个文件"单选按钮，如图 1-13 所示。

12）单击"下一步"按钮，打开"指定磁盘文件"对话框，设置虚拟磁盘文件名。这里采用默认设置即可，如图1-14所示。

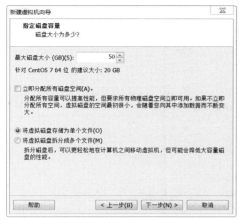

图1-13 设置虚拟磁盘大小

图1-14 指定虚拟磁盘文件名

13）单击"下一步"按钮，打开"已准备好创建虚拟机"对话框，显示欲创建的虚拟机信息，核对无误，单击"完成"按钮，完成虚拟机创建。

1.3.4 拓展与提高

1. 虚拟网络的设置

运行 VMware Workstation 15，打开"编辑"菜单，选择"虚拟网络编辑器"命令，打开"虚拟网络编辑器"对话框，如图1-15所示。在该编辑器中默认显示3块网卡，分别是VMnet0、VMnet1和VMnet8。其中，VMnet0是自动桥接到物理主机的网卡，VMnet1是仅主机模式网络的网卡，VMnet8是NAT模式的网卡。虚拟机网络连接类型一定要与虚拟网络编辑器中的设置相一致。

1）如果创建虚拟机时，网络连接类型为桥接网络，则选中"VMnet0"，在"已桥接至"下拉列表框中选择桥接的物理网卡，如图1-15所示选择的是物理主机的无线网卡。

如果创建虚拟机时，网络连接类型为NAT，则选中"VMnet8"，记录子网地址，如图1-16所示。

图1-15 桥接网卡设置

图1-16 VMnet8 子网 IP 设置

2）选中"VMnet8"，单击"NAT 设置"按钮，可以查看 NAT 默认设置，虚拟网关占用主机号为 2 的 IP 地址，如图 1-17 所示。

3）VMnet1～VMnet19 皆可使用 DHCP 服务。选中"VMnet8"，单击"DHCP 设置"按钮，可以设置网络的 DHCP 参数，如图 1-18 所示。

图 1-17　NAT 设置　　　　　　　　　　　　　图 1-18　DHCP 设置

2．虚拟机光驱设置

若要在虚拟机中安装操作系统，需要设置虚拟机光驱。

在 VMware Workstation 左侧窗格中选择创建的虚拟机，之后打开"虚拟机"菜单，选择"设置"命令，打开"虚拟机设置"对话框。选中"CD/DVD"，在右侧选择"使用 ISO 映像文件"单选按钮，并指向操作系统的安装镜像文件，如图 1-19 所示。若要使用物理光驱，则选择"使用物理驱动器"单选按钮后，单击"确定"按钮。

3．开启虚拟机支持虚拟化功能

操作系统中若要安装 KVM、Hyper-V、Docker 等服务，则 CPU 需支持虚拟化功能。在图 1-19 中选中"处理器"，勾选"虚拟化 Intel VT-x/EPT 或 AMD-V/RVI"复选框，如图 1-20 所示。

图 1-19　设置虚拟机光驱　　　　　　　　　　图 1-20　开启 CPU 虚拟化功能

4．为虚拟机添加硬件

虚拟机在使用过程中，可能会需要增加其他硬件，如磁盘、网卡、光驱等。此时可单击图 1-19 中的"添加"按钮，打开"添加硬件向导"，在"硬件类型"列表框中选择要添加硬件的类型，然后单击"下一步"按钮，按照提示操作即可。

5．虚拟机输入/输出设备的连通性

在 VMware 虚拟机运行界面的右下角，有 🖥️⊙🖫🖨️🔊⊙🖴🔒 │ 📄 这几个图标，这些图标就是虚拟机输入/输出设备的连通标志。如果图标上有红色叉号或为灰色状态，则表示虚拟机和物理主机之间该设备没有连通。此时可以单击该设备图标，在弹出的菜单中选择"连接"命令即可。这些设备包括光驱、磁盘、网卡、USB 设备、声卡等。

1.4 工作任务 2——CentOS 7 环境搭建

1.4.1 任务目的

新星公司欲搭建网络服务器，首先需要搭建操作系统平台。考虑到 Linux 系统的稳定性、安全性，公司信息中心决定搭建 CentOS 7 操作系统平台。

1.4.2 任务规划

采用 CentOS 7 操作系统，系统安装来源采用 ISO 镜像文件 CentOS-7-x86_64-DVD-1810.iso（可从官方网站 https://www.centos.org 下载），由虚拟机的光驱直接指向镜像文件实现安装。

1.4.3 CentOS 7.6 的安装

CentOS 7 的安装步骤如下。

1）在一台创建好的 CentOS 7 虚拟机中，将虚拟机的光驱指向要安装的镜像文件 CentOS-7-x86_64-DVD-1810.iso，启动该虚拟机，进入如图 1-21 所示的界面，使用方向键选择 Install CentOS 7，按〈Enter〉键。

2）提示"Press the <ENTER> key to begin the installation process"，按〈Enter〉键。进入安装语言选择界面，采用默认设置，单击"Continue"按钮，如图 1-22 所示。

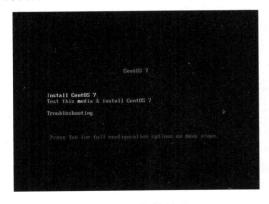

图 1-21 初始界面

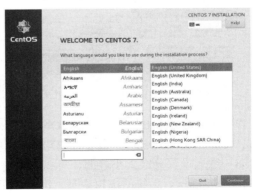

图 1-22 安装语言选择界面

3）进入"INSTALLATION SUMMARY"（安装概览）界面，如图 1-23 所示。

4）单击"DATE & TIME"，进入日期时间配置界面，分别选择"Asia"→"Shanghai"。如图 1-24 所示。在计算机集群中，时间同步非常重要，因此要正确选择时区。设置好时区及时间后，单击"Done"按钮。

图 1-23　安装概览界面　　　　　　　　　　图 1-24　日期时间配置界面

5）返回安装概览界面，单击"SOFTWARE SELECTION"，进入安装软件包选择界面，默认采用最小化安装，即系统重启后进入字符界面。Linux 一般提供两种图形化界面，KDE 与 GNOME，GNOME 界面现在应用比较多。若需安装图形化界面，选择"GNOME Desktop"单选按钮，右侧复选框全部勾选，如图 1-25 所示，单击"Done"按钮。

6）返回安装概览界面，单击"INSTALLATION DESTINATION"，进入安装目标（磁盘）界面，对系统磁盘分区进行设置。默认设置为逻辑卷分区（LVM），但在制作一些云平台的 Linux 虚拟机模板时，需要将分区设置为标准分区。选择"I will configure partitioning"单选按钮，如图 1-26 所示，单击"Done"按钮。

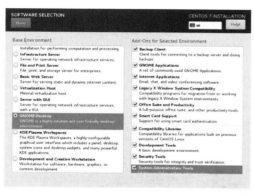

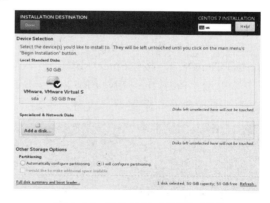

图 1-25　安装软件包选择界面　　　　　　　图 1-26　安装目标（磁盘）界面

7）进入"MANUAL PARTITIONING"（手动分区）界面，将下拉菜单中的"LVM"替换成"Standard Partition"，如图 1-27 所示，单击"Done"按钮。

8）进入设置分区大小界面，可以根据需求设置 swap 分区、boot 分区大小，swap 分区类似于 Windows 系统的虚拟内存，boot 分区用于存储系统内核及系统启动引导文件，大小可采取默认值，其他空间分配给"/"根分区，如图 1-28 所示，单击"Done"按钮。

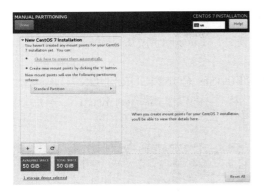

图 1-27　设置为标准分区

图 1-28　设置分区大小

9）弹出提示框"SUMMARY OF CHANGES"，单击"Accept Changes"按钮，如图 1-29 所示。

10）返回安装概览界面，单击"KDUMP"。进入 KDUMP 界面，取消勾选"Enable kdump"复选框，如图 1-30 所示，单击"Done"按钮。

图 1-29　接受分区结果

图 1-30　取消 kdump 机制

11）返回安装概览界面，单击"Begin Installation"按钮，开始安装系统。系统安装过程中需要设置超级管理员 root 口令，以及创建新用户，如图 1-31 所示。

12）单击"ROOT PASSWORD"，设置 root 账户口令，设置完成后两次单击"Done"按钮。单击"USER CREATION"，创建新用户，设置完用户名及口令后，两次单击"Done"按钮。安装完系统后，需要重启，如图 1-32 所示。

图 1-31　设置 root 口令及创建新用户

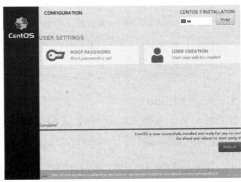

图 1-32　系统安装完成

13）系统重新引导，进入"INITIAL SETUP"界面，单击"LICENSING"，如图 1-33 所示。进入"LICENSE INFORMATION"界面，选中"I accept the license agreement"，单击"Done"按钮。

14）返回"INITIAL SETUP"界面，单击"FINISH CONFIGURATION"，结束系统配置，进入系统登录界面，可选择已创建的用户登录，也可以单击"not listed"，然后以 root 用户登录系统，如图 1-34 所示。

图 1-33　接受许可协议

图 1-34　登录系统

1.4.4　拓展与提高

工作任务 2
拓展与提高

1．更改计算机名

计算机集群中，每一台计算机都有自己的计算机名，安装完系统后需更改计算机名。在 CentOS 桌面上右击，选择"Open Terminal"命令，打开终端。在终端中输入以下命令可更改计算机名。

```
[root@localhost ~]# hostnamectl   set-hostname   centos7      //更改计算机名
[root@localhost ~]# hostname                                  //查看计算机名
```

2．关闭防火墙

服务器要提供网络服务就要开启相应端口监听，如 HTTP 服务需开启 80 端口、FTP 服务需开启 21 端口等。CentOS 7 自带防火墙由 6.0 版的 iptables 升级为 firewalld，对服务器配置初学者来讲，建议关闭防火墙。待服务器技术达到一定水平之后，再做防火墙的相应设置。

使用以下命令可关闭防火墙。

```
[root@centos7 ~]#systemctl   stop   firewalld.service
```

设置禁止开机时启动防火墙。

```
[root@centos7 ~]#systemctl   disable   firewalld.service
```

3．关闭 SElinux

SElinux 用于实现 Linux 中的强制访问控制，建议 Linux 初学者将系统中的 SElinux 关闭。
使用 vim 编辑器打开/etc/sysconfig/selinux 文件，将 SELINUX 参数的值设置为 disabled。

```
[root@localhost ~]# vim   /etc/sysconfig/selinux
SELINUX=disabled
```

设置完成后保存退出，输入命令 reboot，重启系统，使设置生效。

1.5　工作任务 3——Windows Server 2016 环境搭建

1.5.1　任务目的

新星公司欲搭建网络服务器，需要首先搭建操作系统平台。考虑到 Windows Server 是基于图形化界面的操作系统，便于维护与管理，公司信息中心决定搭建 Windows Server 操作系统平台。

1.5.2　任务规划

采用 Windows Server 2016 标准版操作系统，系统安装来源采用 ISO 镜像文件，由虚拟机的光驱直接指向镜像文件实现安装。设置登录口令时注意满足系统口令的复杂性要求。

1.5.3　Windows Server 2016 的安装

Windows Server 2016 的安装步骤如下。

1）在一台创建好的虚拟机中，将虚拟机的光驱指向要安装的 Windows Server 2016 的镜像文件，启动该虚拟机。显示"Press any key to boot from CD or DVD"，按任意键，系统进入预加载。

2）接下来需要选择安装的语言、时间格式和键盘类型等，一般采用默认设置，如图 1-35 所示。

3）单击"下一步"按钮，在打开的界面中单击中间位置的"现在安装"按钮，在此界面中还有"安装 Windows 须知""修复计算机"等选项。打开"激活 Windows"界面后，输入购买的 Windows Server 2016 序列号，单击"下一步"按钮，如图 1-36 所示。

图 1-35　语言选项

图 1-36　输入序列号

4）打开"选择要安装的操作系统"界面，选择"Windows Server 2016 Standard（桌面体验）"，如图 1-37 所示。单击"下一步"按钮，打开"请阅读许可条款"，勾选"我接受许可条款"复选框。

5）单击"下一步"按钮，打开"你想执行哪种类型的安装？"界面。在这个界面中有两个选项，一个是"升级"安装，另一个是"自定义"安装。Windows Server 2016 支持自其他 Windows Server 服务器版本升级安装，这里采用自定义安装，如图 1-38 所示。

图 1-37　选择要安装的操作系统

图 1-38　自定义安装

6）打开"你想将 Windows 安装在哪里？"界面，选择要安装 Windows 系统的磁盘。如果需要划分磁盘分区，单击"新建"按钮，按照提示划分分区。如果无须划分分区，单击"下一步"按钮，如图 1-39 所示。

7）开始安装 Windows Server 2016，安装过程如图 1-40 所示。

图 1-39　磁盘分区设置

图 1-40　安装 Windows Server 2016

8）Windows Server 2016 安装完成后，自动重启计算机。用户第一次登录系统需要设置超级管理员 Administrator 密码，如图 1-41 所示。Windows Server 2016 已经启用密码复杂度策略，账户密码要包含大写字母、小写字母、数字、非数字字符 4 类中的 3 类，否则无法顺利设置密码。

9）密码设置成功后，进入系统登录界面。登录系统后默认打开服务器管理器，如图 1-42 所示。

图 1-41 设置超级管理员密码

图 1-42 登录系统后的界面

1.5.4 拓展与提高

工作任务 3
拓展与提高

1. 设置计算机名称及工作组

1）打开"开始"菜单，选择"服务器管理器"。在服务器管理器中，单击左侧导航窗格中的"本地服务器"，单击显示区域的计算机名，打开"系统属性"对话框，如图 1-43 所示。

2）单击"更改"按钮，打开"计算机名/域更改"对话框，在"计算机名"文本框中输入新的计算机名，如图 1-44 所示。在系统提示下，重新启动计算机，使更改生效。

图 1-43 "系统属性"对话框

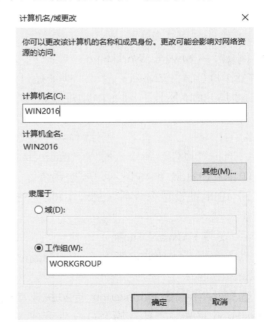

图 1-44 更改计算机名

2. 关闭防火墙

要在 Windows Server 2016 中关闭防火墙，可按以下步骤操作。

依次单击"开始"→"控制面板"→"系统和安全"→"Windows 防火墙"，选择左侧导航窗格中的"启用或关闭 Windows 防火墙"。依次选择专用网络、公用网络中的"关闭 Windows 防火墙（不推荐）"单选按钮，如图 1-45 所示。若计算机是域环境中的成员，还需要关闭域环境防火墙。

图 1-45　更改防火墙设置

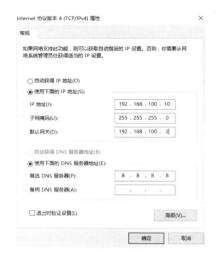

图 1-46　配置 IP 地址

3．NAT 方式下实现虚拟机与物理主机互通

在使用 VMware 虚拟机的过程中，经常遇到需要虚拟机与物理主机进行通信的情况。如果虚拟机的连接方式是 NAT，则需要将虚拟机的 IP 地址设置到物理主机 VMnet8 网卡的同一网段。

例如，VMware Workstation 虚拟网络编辑器中，VMnet8 所在子网的 IP 地址为 192.168.100.0/24，VMnet8 的 IP 地址是 192.168.100.1，则需要将虚拟机的 IP 地址设置到 192.168.100.0/24 网段，网关 IP 地址默认为 192.168.100.2，可按以下步骤操作。

1）依次单击"开始"→"控制面板"→"网络和 Internet"，在打开的窗口中，单击"网络和共享中心"，打开"网络和共享中心"界面。单击左侧的"更改适配器设置"，右击网卡，选择"属性"命令，打开"Internet 协议版本 4（TCP/IPv4）属性"对话框，输入 IP 地址等信息，如图 1-46 所示。依据系统提示完成计算机 IP 地址的设置。

2）IP 地址设置完成后，物理主机和虚拟机之间可以相互 ping 通。如果没有 ping 通，请检查防火墙。

4．安装 VMware Tools

为了实现某些功能，华为 FusionCompute、VMware vSphere 等云平台的虚拟机需要安装 VMware Tools。

选择 VMware Workstation 虚拟机菜单，选择"安装 VMware Tools"命令。VMware Workstation 将光驱中挂载的 ISO 文件变成 VMware Tools 的 ISO 文件。进入虚拟机，在文件资源管理器中打开光驱，安装 VMware Tools 即可。

5．虚拟机快照

快照是虚拟机磁盘文件在某个时间点的副本。当系统崩溃或系统异常时，可以通过使用快照恢复到虚拟机当时的状态。

1）右击 VMware Workstation 左侧导航窗格中的虚拟机，选择"快照"→"拍摄快照"

命令，打开"Windows Server 2016-拍摄快照"对话框，输入快照名称，单击"拍摄快照"按钮，如图 1-47 所示。

2）当虚拟机有多个快照时，可以通过快照管理器来管理快照，如图 1-48 所示。在快照管理器中可以将虚拟机恢复到任何快照点的状态。

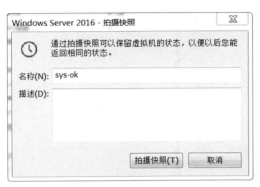

图 1-47　拍摄快照　　　　　　　　　　　　图 1-48　快照管理器

6. 虚拟机克隆

如果在部署计算机集群时，需要安装大量相同的操作系统，就可以使用虚拟机克隆功能。虚拟机克隆有两种类型：完全克隆和链接克隆。

1）右击 VMware Workstation 左侧导航窗格中的虚拟机，选择"管理"→"克隆"命令，打开"克隆虚拟机向导"。单击"下一步"按钮，选择克隆源为"现有快照（仅限关闭的虚拟机）"，如图 1-49 所示。

2）单击"下一步"按钮，选择克隆类型为"创建完整克隆"，如图 1-50 所示。按照提示，设置虚拟机名称和保存位置，完成虚拟机克隆。

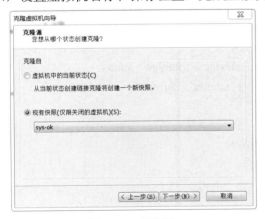

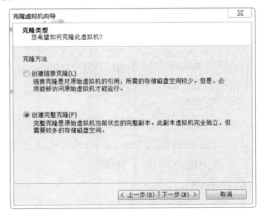

图 1-49　克隆源　　　　　　　　　　　　图 1-50　克隆类型

1.6　本章总结

虚拟机创建和设置及操作系统安装，是网络管理员必须掌握的基本工作技能。CentOS 7、Windows Server 2016 作为目前主流的服务器操作系统，网络管理员需具备系统安装、基本配置的能力。本章重点内容如下。

1）网络操作系统的基本概念，常见的网络服务。

2）虚拟机的创建和设置。

3）虚拟机下 CentOS 7 系统的安装、基本配置。

4）虚拟机下 Windows Server 2016 系统的安装、基本配置。

1.7　习题与实训

一、填空题

1. 网络操作系统提供_____功能。

2. 常见的网络服务有_____、_____、_____、_____、_____等。

3. VMware Workstation 是_____软件。

4. Linux 中拥有至高无上权力的是_____用户。

5. 虚拟机克隆方式有_____、_____两类。

二、选择题

1. 以下不适合做服务器操作系统的是_____。

    A．UNIX　　　　　　B．Linux　　　　　　C．Windows Server　　　　　D．DOS

2. 以下_____操作系统是自由软件。

    A．UNIX　　　　　　B．Linux　　　　　　C．Windows 10　　　　　D．MS-DOS

3. NAT 网络模式下，虚拟机的 IP 地址可按_____设置。

    A．与 VMnet0 在一个网段　　　　　　B．与 VMnet1 在一个网段

    C．与 VMnet8 在一个网段　　　　　　D．以上都不对

4. 桥接网络模式下，虚拟机的 IP 地址可按_____设置。

    A．与 VMnet0 在一个网段　　　　　　B．与 VMnet1 在一个网段

    C．与 VMnet8 在一个网段　　　　　　D．与物理主机网卡的 IP 地址在一个网段

5. 以下_____命令，可以将 Linux 中的防火墙关闭。

    A．systemctl　stop　firewalld　　　　　B．service　iptables　status

    C．service　firewall　status　　　　　D．systemctl　firewall　stop

三、简答题

1. VMware Workstation 软件有哪些功能？

2. 简述如何在 VMware Workstation 中创建虚拟机。

3. 常见的网络服务有哪些？

四、实训

1. 在 VMware Workstation 中创建虚拟机

实训目的：掌握 VMware Workstation 的安装方法；掌握 VMware Workstation 中虚拟机的创建方法；掌握 VMware Workstation 中网络的设置方法；掌握 VMware Workstation 中更改硬件配置的方法。

实训环境：装有 Windows 操作系统的计算机，VMware Workstation 15 软件。

实训步骤：

1）安装 VMware Workstation 15。

2）VMware Workstation 中创建名称为 CentOS 7 的虚拟机。

3）虚拟机的网络连接方式设置为桥接。

4）虚拟机的内存大小设置为 2048MB。

5）虚拟机的硬盘设置为 SCSI 类型，容量为 40GB。

6）结束虚拟机的创建。

7）更改虚拟机的网络连接方式，更改为 NAT 连接。

8）更改虚拟机的内存大小，更改为 4096MB。

9）为虚拟机添加一块 2GB 的 SCSI 硬盘。

10）撰写实训报告。

2．CentOS 7 的安装

实训目的：掌握 Linux 系统的安装过程。

实训环境：安装了 VMware Workstation 15 软件的计算机，内存为 8GB 及以上，硬盘为 500GB 及以上。

实训步骤：

1）在 VMware Workstation 中创建 CentOS 7 虚拟机，要求虚拟机的内存大小为 2048MB 或更大，硬盘为 40GB 或更大。

2）利用光盘或镜像文件在虚拟机下安装 CentOS 7 操作系统。要求：root 用户的口令设置为 sdcet123，时区设置为亚洲/上海，安装 GNOME 桌面。

3）关闭系统防火墙与 SELinux。

4）虚拟机使用 NAT 网络连接方式，正确配置虚拟机的 IP 地址，虚拟机与物理主机能够相互 ping 通。

5）熟悉 GNOME 桌面。

6）撰写实训报告。

3．Windows Server 2016 的安装

实训目的：掌握 Windows Server 系统的安装过程。

实训环境：安装了 VMware Workstation 15 软件的计算机，内存为 8GB 及以上，硬盘为 500GB 及以上。

实训步骤：

1）在 VMware Workstation 中创建 Windows Server 2016 虚拟机，要求虚拟机的内存大小为 4096MB 或更大，硬盘为 40GB 或更大。

2）启动虚拟机。

3）选择安装语言、时间格式和键盘类型。

4）选择安装的操作系统类型。

5）选择安装操作系统的磁盘。

6）安装 Windows Server 2016。

7）重启计算机，设置超级管理员密码。

8）设置计算机的网络连接方式，虚拟机使用桥接方式，虚拟机与物理主机能够相互 ping 通。

9）安装 VMware Tools。

10）撰写实训报告。

第 2 章　服务器管理基础技能

服务器管理基础技能是学习服务器技术的基础。这些基础技能包括 Linux 基本命令、Linux 基本环境配置、操作系统用户及用户组的管理、操作系统目录或文件的权限管理等。客户机以何种用户（账户）身份访问服务器，以及以何种权限访问是服务器技术的一项基本配置，如果配置不当，可能导致客户机无法正常访问。

2.1　学习情境设计

2.1.1　学习情境导入

新星公司搭建了基础的服务器操作系统平台，在配置网络服务之前，网络管理员需要掌握基本的服务器管理技能。

操作系统用户可以作为某些网络服务的用户，如 FTP 服务等。因此，新星公司信息中心领导层认为网络管理员掌握服务器管理基础技能是非常有必要的，这不仅涉及各种服务器的配置问题，而且涉及操作系统的安全问题。

2.1.2　教学导航

通过本章的学习与实训，读者可以掌握 Linux 基本命令，Linux 基本环境配置，Linux 用户、用户组及权限的管理，Windows Server 用户、用户组及权限的管理等基本工作技能。教学导航如表 2-1 所示。

表 2-1　教学导航

章节重点	1）访问控制的概念，用户及用户组的概念，权限的概念； 2）Linux 命令基础，vi 编辑器基础，Linux 系统的 IP 设置； 3）Linux 软件包的安装； 4）Linux 用户及用户组管理，Linux 中目录或文件权限的设置； 5）Windows Server 用户及用户组管理，Windows Server 中目录或文件权限的设置
章节难点	1）Linux 软件包的安装； 2）Linux 用户及用户组管理，Linux 中目录或文件权限的设置
技能目标	1）能够完成 Linux 网络配置工作任务； 2）能够完成 Linux 软件包安装工作任务； 3）具备 Linux 用户及用户组管理、Linux 中目录或文件权限设置的工作能力。 4）具备 Windows Server 用户及用户组管理、Windows Server 中目录或文件权限设置的工作能力
知识目标	了解访问控制的概念，掌握 Linux 网络配置、Linux 软件包安装的过程，掌握操作系统中用户及用户组的管理、目录或文件权限的设置等过程
建议学习方法	通过教师的课堂演示，自己动手在 Linux、Windows Server 操作系统中实现用户及用户组的管理、目录或文件权限的设置

2.2 基础知识

2.2.1 基于角色的访问控制

访问控制涉及的对象主要有两类：客体和主体。客体是访问控制要保护的对象，如信息系统中的文件、目录，数据库中的表、记录等数据，基础设施中的网络设备，等等。主体是访问控制要制约、被控制的对象，一般来说，用户以及用户操作产生的进程可以认为是主体。通常，访问控制可以分为三大类：自主访问控制、强制访问控制和基于角色的访问控制。

基于角色的访问控制是指在一个组织机构内部，系统为不同的工作岗位创建对应的角色，对每一个角色分配不同的操作权限（如读、写、执行等）。用户通过所分配的角色获得相应的操作权限，实现对信息资源（目录或文件）的访问。例如，对用户划分用户组，对不同用户组赋予不同的操作权限，这里的用户组可以看作角色。

对于服务器技术来说，用户及用户组可以看作访问控制的主体，服务器目录或文件可以看作访问控制的客体。

2.2.2 用户及用户组

网络操作系统是多用户多任务的系统，允许多个用户同时登录系统。为了保障每个用户都能顺利工作，每个用户的权限都要遵循相应规范。为了区分不同的用户，就产生了用户账户。

用户账户是用户的身份标识，用户通过其账户可以登录操作系统，依据访问控制策略访问被授权的资源。每个用户账户都有特定的工作环境，用户账户之间相互独立、互不干扰。

为了方便用户账户的管理，产生了用户组的概念。用户组是具有相同权限的用户的集合。有了用户组，在制订访问控制策略时就可以把权限赋予某个用户组，组中的用户可以自动继承这些权限。一个用户可以加入到多个用户组。

在服务器技术中，安装完某个服务器程序之后，一般都会自动创建一个该服务的默认账户。例如，FTP 服务器安装完成之后，会自动创建 FTP 匿名账户。

2.2.3 访问权限

操作系统中的每一个目录或文件都包含相应的访问权限，这些访问权限决定了谁能访问和如何访问这些目录或文件。

目录或文件的访问权限一般分为只读、只写和可执行 3 种基本权限。以文件权限为例，只读权限表示允许读取文件内容，而禁止对文件做任何更改操作；只写权限表示允许对文件进行任何修改，但不允许读取文件的内容；可执行权限表示允许将该文件作为一个程序执行。

创建目录或文件时，创建者即为目录或文件的所有者。目录或文件的所有者自动拥有对该目录或文件的读、写、执行权限。管理员可以更改目录或文件的所有者，也可以将目录或文件的权限赋予其他用户。

2.3 工作任务 4——Linux 基本命令

工作任务 4

2.3.1 任务目的

新星公司决定搭建属于自己的服务器。信息中心决策层认识到，对于
初次接触服务器技术的管理员来说，必须熟练掌握基本的 Linux 命令。因此公司决定开展一
次 Linux 基本命令的培训，让管理员掌握基本的 Linux 操作技能。

2.3.2 任务规划

新星公司开展 Linux 基本命令的培训，培训内容包括定位及文件操作命令、浏览及查找
命令、vi 编辑器的使用及 IP 地址设置方法等。

2.3.3 Linux 命令格式

掌握在 Linux 的命令行模式下操作，对于学习 Linux 来说是非常重要的。虽然 Linux 系
统的图形化界面也在不断发展，但图形化界面的操作模式不能代替命令行模式，因为命令行
模式具有如下优点：执行效率高、稳定性高、节省系统资源以及比图形化界面更通用。
Linux 命令格式如下。

命令名 [选项] [参数 1] [参数 2]…

选项：对命令的特别定义，以"-"开始，多个选项可用一个"-"，如 ls -l、ls -al。

参数：命令的操作对象，可以是目录，也可以是文件，有些命令不带参数，有些命令带
一个参数，有些命令带多个参数。

命令名、选项、参数都作为命令的输入，都是独立的项，它们之间必须用空格隔开，而
且 Linux 的命令严格区分大小写。命令格式中的[]代表可选项，即有些命令不写选项或参数
也能执行。

命令都写在命令提示行的后面，命令提示行如下。

`[root@localhost ~]#`

其中，"root"表示当前登录用户名；"localhost"表示计算机名，计算机名后面的是当前
目录，"~"表示当前登录用户的属主目录；"#"为命令提示符，若以普通用户登录，则命令
提示符为"$"。

2.3.4 定位及文件操作命令

1. pwd 命令

pwd 命令用于显示当前目录的绝对路径。例如：

```
[root@localhost ~]# pwd
/root
```

2. cd 命令

cd 命令用于改变当前工作目录。cd 命令只带一个参数。其命令格式如下。

```
[root@localhost ~]# cd  目录名
```

1）目录名表示目录的路径，可以是相对路径或绝对路径。相对路径是相对于当前工作目录的路径，例如：

```
[root@localhost ~]# cd    Desktop              //该参数为相对路径，相对于 root 目录的路径
[root@localhost Desktop]# pwd
/root/Desktop
```

2）绝对路径是从根目录"/"开始的路径，例如：

```
[root@localhost Desktop]# cd    /etc
[root@localhost etc]# pwd
/etc
```

3）除了写明目录的完整路径，还可采用以下常用的方式改变当前工作目录。

```
[root@localhost etc]# cd    -                //切换到上一次的工作目录
/root/Desktop
[root@localhost Desktop]# cd    ..           //切换到上一层目录
[root@localhost ~]# pwd
/root
[root@localhost ~]# cd    /                  //切换到根目录
[root@localhost /]# pwd
/
[root@localhost /]# cd                       //切换到用户主目录
[root@localhost ~]# pwd
/root
```

本地用户的主目录是/home 目录下的同名目录，如 bob 用户的主目录是/home/bob，root 用户的主目录是/root。

3．touch 命令

Linux 系统提供 touch 命令来创建空文件或修改文件的时间属性。其命令格式如下。

```
touch  文件名 [文件名]
```

若文件存在，则修改文件的时间属性为系统的当前时间；若文件不存在，则生成一个空文件。

```
[root@ localhost ~]# touch    text          //当前目录下新建 text 文件
[root@ localhost ~]# ls    -l                //列表查看
-rw-r--r--. 1 root root        0 Mar 10 00:49 text
```

4．mkdir 命令

使用 mkdir 命令创建一个目录或多个目录。其命令格式如下。

```
mkdir [选项] 目录名
```

mkdir 命令有以下选项。

-p：可同时创建目录和它的子目录。

```
mkdir    -p 目录名/子目录名
```

1）创建目录。

```
[root@ localhost ~]# mkdir    dir1                    //在当前目录下创建 dir1 目录
[root@ localhost ~]# mkdir    /home/dir1              //在/home 目录下创建 dir1 目录
```

2）若当前工作目录下无 dir2 目录，则在当前工作目录下创建 dir2/Linux 子目录。

```
[root@ localhost ~]# mkdir   -p   dir2/Linux    //-p 选项表示，同时创建 dir2 目录及其子目录 Linux
[root@ localhost ~]# ls
dir1    dir2
```

从以上示例中可以看出，一次创建多层目录时要加"-p"选项。

5．cp 命令

使用 cp 命令可以做文件的备份，或者其他用户文件的个人备份。用户可以使用 cp 命令把一个源文件复制到一个目标文件，或者把一系列文件复制到一个目标文件中。其命令格式如下。

```
cp 源文件  目标文件
cp 源文件 1 [源文件 2…] 目标文件
```

在第一种格式中，源文件被复制到目标文件。如果目标文件是目录文件，那么把源文件复制到这个目录中，且文件名保持不变；如果目标文件不是目录文件，那么源文件就复制到该目标文件中，原有目标文件将被破坏，但目标文件名不变。

在第二种格式中，所有的源文件都被复制到目标文件，该目标文件必须是目录文件，所有源文件的名称都不变。

1）复制当前工作目录下名为 text 的文件到/home 目录下。

```
[root@localhost ~]   cp    text    /home
```

2）复制/etc/yum.repos.d/目录下所有的内容（包括所有子目录）到/tmp 目录下。

```
[root@localhost ~]# cp   -r   /etc/yum.repos.d/   /tmp   //-r 选项实现复制该目录下所有内容
```

3）使用通配符复制/etc 目录下名称以 mail 开头的所有文件到/home 目录下。

```
[root@localhost ~]# cp   /etc/mail*   /home
```

4）复制文件/etc/profile 到/root 目录下，保持文件名及文件属性不变。

```
[root@localhost ~]# cp   -p   /etc/profile   /root/profile    //-p 选项使文件在复制时属性不变
```

6．mv 命令

mv 命令用来移动文件或对文件重命名。其命令格式如下。

```
mv 源文件  目标文件
mv 源文件 1 [源文件 2…] 目标文件
mv 原文件名    新文件名
```

在第一种格式中，源文件被移至目标文件后有两种不同的结果：如果目标文件是某一目录文件的路径，源文件会被移到此目录下，且文件名不变；如果目标文件不是目录文件，则源文件的内容将覆盖目标文件的内容，目标文件名不变。

在第二种格式中，所有的源文件都会被移到目标文件，这里的目标文件必须是目录文件，所有移到目标目录下的文件都将保留以前的文件名。

如果源文件和目标文件在同一个目录下，mv 命令的作用就是重命名文件，但给文件重命名时，新文件名一般不采用同一目录下的其他文件名。

1）将当前工作目录下的 test 文件移动到/home 目录下。

　　[root@ localhost ~]# mv　　text　/home　　　　　//将 text 文件移动到/home 目录下

2）将 text 改名为 text.bak。

　　[root@ localhost ~]# mv　　text　text.bak　　　　//将当前工作目录下的 text 文件改名为 text.bak

7．rm 命令

rm 命令可删除文件和目录。其命令格式如下。

　　rm [选项] 文件名 1 [文件名 2…]

在删除文件之前，最好看一下文件的内容，确定真正要删除。

rm 命令有以下选项。

-r：可以删除目录。当一个目录被删除时，其下的所有文件和子目录都将被删除。这是一个非常危险的命令选项。

-f：可强制删除文件，删除时不会出现是否要删除的提示信息。

1）删除文件主目录下的 text 文件。

　　[root@ localhost ~]# rm　　/home/text
　　rm: remove regular empty file '/home/text'?　　//提示是否删除，输入 y 后按〈Enter〉键即可删除

2）递归删除目录。

　　[root@ localhost ~]# rm　-r　dir1　　　　　　　//删除当前工作目录下的 dir1 目录及其下的所有文件

3）强制递归删除目录。

　　[root@ localhost ~]# rm　-rf　dir2　　　　　　　//强制递归删除，不提示删除信息

2.3.5　浏览及查找命令

1．ls 命令

ls 命令用于浏览目录的内容。其命令格式如下。

　　ls　[选项]　[目录]

ls 命令有以下选项。

-a：列出所有文件，包括那些以"."开头的隐藏文件。

-l：使用长格式显示文件条目，包括连接数目、所有者、大小、最后修改时间、权限等。

在 ls 命令中还可以使用通配符"*""?"，这样可以使用户很方便地查找特定形式的文件和目录。

1）直接使用 ls 命令。例如：

　　[root@ localhost ~]# ls　　　　　　　　　　　　//浏览当前工作目录
　　[root@ localhost ~]# ls　/var　　　　　　　　　//浏览/var 目录

普通文件在文本界面下用白色表示，目录文件用蓝色表示。

2）-l 选项的使用。

```
[root@ localhost ~]# ls   -l
-rw-r--r--.  1 root root      0 Mar 10 00:49 text
drwxr-xr-x. 2 root root     6 Mar  8 19:37 Videos
```

第一列的第一个字符表示文件的类型，"-"表示普通文件，"d"表示目录，其余 9 个字符标识文件或目录的权限。第二列表示连接数，文件默认为 1，目录默认为 2。第三列表示所有者。第四列表示文件所属的组。第五列表示文件大小。第六列、第七列和第八列表示文件创建时间。最后一列表示文件名。

2．cat 命令

cat 命令可以显示文件的内容，或者将多个文件合并在一起显示。其命令格式如下。

cat [选项] 文件名

该命令运行后，指定文件的内容就会在标准输出（通常是屏幕）上显示出来。如果文件的内容很长，在一个屏幕中显示不下，就会出现屏幕滚动，为了控制滚屏，可以按〈Ctrl〉+〈S〉组合键停止滚屏；而按〈Ctrl〉+〈Q〉组合键可以恢复滚屏。

例如：

```
[root@ localhost ~]# cat   /proc/cpuinfo              //显示/proc/cpuinfo 文件的内容
```

3．more 命令

more 命令一般用于要显示的内容会超过一个屏幕的情况。为了避免画面显示时瞬间就闪过去，可以使用 more 命令。其命令格式如下。

more [选项] 文件名

可在每个屏幕的底部出现一个提示信息，给出至今已显示的该文件的百分比。用户可以用几种不同的方法对提示做出回答：按〈Space〉键，显示文本的下一屏内容；按〈Enter〉键，只显示文本的下一行内容；按〈/〉键，接着输入一个模式，可以在文本中寻找下一个匹配的模式；按〈H〉键，显示帮助屏，该屏上有相关的帮助信息；按〈B〉键，显示上一屏内容；按〈Q〉键，退出 more 命令。

例如，显示/proc/cpuinfo 文本文件的内容。

```
[root@ ~]# more   /proc/cpuinfo
```

屏幕在显示满一屏时暂停，此时可按〈Space〉键继续显示下一屏，不像 cat 命令那样对不能一屏显示的就一闪而过到最后一屏。

4．grep 命令

grep 命令用来在文本文件中查找指定模式的词或短语，并在标准输出上显示包括给定字符串的所有行。其命令格式如下。

grep [选项] 文件名

默认情况下，grep 命令在查找模式时是区分大小写的；如果不想区分大小写，则可以用-i 选项。

grep 命令除了可以查找固定的字符串，还可以使用较为复杂的匹配模式。要实现复杂的匹配模式，需要使用如下的符号："?"匹配字符串中的一个字符；"*"匹配任意字符；"*"匹配"*"字符；"\?"匹配"?"字符；"\)"匹配")"字符。

例如，搜索/proc/cpuinfo 文件中包含字符串 name 的行并输出，命令行如下。

[root@localhost ~]#grep　　name　/proc/cpuinfo

2.3.6　vim 编辑器

文本编辑器是 Linux 操作系统中的重要工具，在 Linux 系统中配置服务器的时候，会经常用文本编辑器来编辑相关的配置文件。其中，vim 是使用最广泛的文本编辑器。

使用 vim 编辑器打开一个文件，如果文件存在，则显示文件内容。如果文件不存在，则显示空白。要使用 vim 编辑器打开一个文件，如/root/config 文件，可以输入以下命令。

[root@localhost ~]# cp　/etc/selinux/config　/root/config
[root@localhost ~]# vim　/root/config

在屏幕中，顶部的方框代表光标位置；底部显示的是当前编辑文件的信息；中间的波浪号 "~" 是一些填充符，表示这些位置没有内容。

vim 编辑器有 3 种工作模式，分别是命令模式、编辑模式和末行模式。在命令提示符后输入 "vim" 和将要编辑的文件名，便可进入 vim 编辑器；或者只输入 "vim" 而不带文件名，也可以进入 vim 编辑器。

1）进入 vim 编辑器后，首先进入的就是命令模式，这时 vim 编辑器等待的是编辑命令输入，而不是文本输入。也就是说，这时输入的文本都将作为编辑命令来解释。vim 编辑器除了可以用方向键移动光标外，还提供了其他快速定位光标的常用命令及其他常用命令。vim 编辑器在命令模式下常用的命令及其含义如表 2-2 所示。

表 2-2　命令模式下常用的命令及其含义

命　　令	含　　义
Page Down	屏幕向下移动一页
Page Up	屏幕向上移动一页
0	光标移动到这一行最前面的字符处
$	光标移动到这一行最后面的字符处
H	光标移动到屏幕的最上方一行
L	光标移动到屏幕的最下方一行
G	光标移动到文件的最后一行
gg	光标移动到文件的第一行
/word	在文本文件中搜索名为 word 的字符串
dd	删除光标所在的整行
yy	复制光标所在的整行
p	将已复制的数据粘贴到光标的下一行
u	撤销前一个操作

2）在命令模式下，执行插入命令 "i" 或按〈Insert〉键，或执行命令 "a" 和命令 "o" 等

都可以进入编辑模式。在编辑模式下，用户输入的任何字符都会被 vim 编辑器当作文件内容保存起来，并将其显示在屏幕上。在输入过程中，要想返回命令模式，按〈Esc〉键即可。

3）在命令模式下，按〈:〉键即可进入末行模式，此时在显示窗口的最后一行显示一个":"作为命令模式的提示符，等待用户输入命令。在末行模式下，按〈Esc〉键即可返回命令模式。末行模式下常用的命令及其含义如表 2-3 所示。

表 2-3　末行模式下常用的命令及其含义

命　　令	含　　义
w	将编辑的数据写入磁盘文件中
w 文件名	将编辑的数据另存为另一个文件
wq	存盘后退出
q	退出 vim 编辑器
q!	若曾修改过文件，又不想保存，则使用"q!"强制退出且不保存文件
set nu	显示文件的行号，设置之后，会在每一行的前缀显示该行的行号
set nonu	与 set nu 命令相反，作用为取消显示行号

3 种工作模式之间的转换方法如图 2-1 所示。

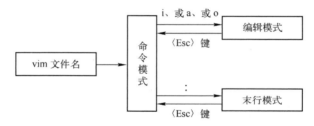

图 2-1　3 种工作模式之间的转换

2.3.7　IP 地址设置

Linux 系统中，配置文件大都存放在/etc 目录下。例如，/etc/sysconfig/network-scripts/ifcfg-ens33 是网卡 ens33 的配置文件。

1）使用 vim 编辑器修改配置文件。

```
[root@localhost ~]# vim    /etc/sysconfig/network-scripts/ifcfg-ens33
TYPE=Ethernet                                //网络类型为以太网模式
PROXY_METHOD=none
BROWSER_ONLY=no
BOOTPROTO=static                             //设置 IP 地址为静态 IP 地址
DEFROUTE=yes
IPV4_FAILURE_FATAL=no
IPV6INIT=yes
IPV6_AUTOCONF=yes
IPV6_DEFROUTE=yes
IPV6_FAILURE_FATAL=no
IPV6_ADDR_GEN_MODE=stable-privacy
```

```
NAME=ens33                                        //网卡名称为 ens33
UUID=d6341601-c465-478b-bedd-34aa6ae981a8         //通用唯一识别码
DEVICE=ens33                                      //设备名称为 ens33
ONBOOT=yes                                        //是否随系统启动
IPADDR=192.168.100.10                             //设置 IP 地址
PREFIX=24                                         //设置子网掩码长度
GATEWAY=192.168.100.2                             //设置默认网关
DNS1=8.8.8.8                                      //设置 DNS 服务器地址
```

2）重启网卡，使配置生效。

```
[root@localhost ~]# systemctl    restart    network
```

3）使用 ip addr 命令查看 ens33 的网络配置信息。

```
[root@localhost ~]# ip    addr
1: lo: <LOOPBACK,UP,LOWER_UP> mtu 65536 qdisc noqueue state UNKNOWN group default qlen 1000
    link/loopback 00:00:00:00:00:00 brd 00:00:00:00:00:00
    inet 127.0.0.1/8 scope host lo
       valid_lft forever preferred_lft forever
    inet6 ::1/128 scope host
       valid_lft forever preferred_lft forever
2: ens33: <BROADCAST,MULTICAST,UP,LOWER_UP> mtu 1500 qdisc pfifo_fast state UP group
default qlen 1000
    link/ether 00:0c:29:66:e2:eb brd ff:ff:ff:ff:ff:ff
    inet 192.168.100.10/24 brd 192.168.100.255 scope global noprefixroute ens33
       valid_lft forever preferred_lft forever
    inet6 fe80::b25c:118:52c:e183/64 scope link noprefixroute
       valid_lft forever preferred_lft forever
```

工作任务 4
拓展与提高

2.3.8 拓展与提高

1. 修改系统启动级别

Linux 系统的启动级别有以下 7 种：0 表示系统关机，所以不要把该级别设置为默认模式，否则系统每次启动以后就会自动停止，无法进入；1 表示单用户模式，只允许一个用户从本地计算机上登录；2 表示多用户模式，但没有网络服务；3 表示有网络服务的多用户模式，直接进入命令行界面；4 是系统未使用的级别；5 表示多用户的图形界面，如进入 GNOME 桌面；6 表示系统重启，因此不要将系统设置为这个级别。

CentOS 7 中采用 target 概念来定义启动级别，常用的是级别 3、级别 5。级别 3 为多用户文本（multi-user.target），级别 5 为图形界面（graphical.target）。

```
[root@localhost ~]# systemctl    get-default                //查询当前系统启动级别
graphical.target
[root@localhost ~]# systemctl set-default multi-user.target    //设置系统启动级别为多用户文本
Removed symlink /etc/systemd/system/default.target.
Created symlink from /etc/systemd/system/default.target to /usr/lib/systemd/system/multi-user.target.
```

使用 reboot 命令重启操作系统。

```
[root@localhost ~]# reboot
```

系统重启之后，进入命令行模式。

2．给一块网卡配置两个 IP 地址

服务器技术中，会经常遇到给一块网卡配置多个 IP 地址的情况。CentOS 7 中，可以通过修改/etc/sysconfig/network-scripts/ifcfg-ens33 网卡配置文件来实现。

1）在配置文件末尾追加以下两行。

```
IPADDR1=192.168.100.20                           //设置第二个 IP 地址
PREFIX1=24                                       //设置第二个 IP 地址的子网掩码
```

2）重启网卡，使配置生效。

```
[root@localhost ~]# systemctl    restart    network
```

3）重启网卡后，使用 ip addr 命令测试。

```
[root@localhost ~]# ip    addr
2: ens33: <BROADCAST,MULTICAST,UP,LOWER_UP> mtu 1500 qdisc pfifo_fast state UP group
default qlen 1000
        link/ether 00:0c:29:66:e2:eb brd ff:ff:ff:ff:ff:ff
        inet 192.168.100.10/24 brd 192.168.100.255 scope global noprefixroute ens33
            valid_lft forever preferred_lft forever
        inet 192.168.100.20/24 brd 192.168.100.255 scope global secondary noprefixroute ens33
            valid_lft forever preferred_lft forever
```

2.4 工作任务 5——Linux 软件包安装

工作任务 5

2.4.1 任务目的

为了让虚拟机中的 CentOS 7 拥有更好的性能，需要在 CentOS 7 中安装 VMware Tools。VMware Tools 安装后，可以更好地管理虚拟机，如复制、粘贴命令可以在 Windows 和 CentOS 之间使用，也可以设置 Windows 和 CentOS 的共享文件夹等。

2.4.2 任务规划

新星公司决定在 CentOS 7 操作系统中安装 VMware Workstation 自带的 VMware Tools，便于今后管理员对系统的管理。通过安装 VMware Tools，管理员具备了 Linux 系统中安装软件包的方法，包括 rpm 方式安装、yum 源方式安装和可执行文件安装。

2.4.3 rpm 方式安装软件包

在 Linux 系统中，通常用 rpm 命令对 RPM 软件包进行查询、安装、删除等操作。Rpm 命令的功能是通过不同的选项来实现的。

1）新星公司要在 CentOS 7 操作系统中安装 dhcp 软件包，可以按照以下步骤操作。

```
[root@localhost ~]# mkdir    /mnt/dvd
```

```
[root@localhost ~]# mount    /dev/cdrom    /mnt/dvd                          //挂载光驱
[root@localhost ~]# rpm    -ivh    /mnt/dvd/Packages/dhcp-4.2.5-68.el7.centos.x86_64.rpm
[root@localhost ~]# umount    /mnt/dvd/                                      //卸载光驱
```

2）查询是否安装了 dhcp 软件包。

```
[root@localhost ~]# rpm    -qa|grep    dhcp
dhcp-4.2.5-68.el7.centos.x86_64
```

3）卸载 dhcp 软件包。

```
[root@localhost ~]# rpm    -e    dhcp
```

2.4.4　yum 源方式安装软件包

在 Linux 系统中，现在最常用的软件包安装方法就是 yum 源方式安装。使用 yum 源方式安装软件包之前，需指定 yum 下载 RPM 软件包的位置，此位置称为 yum 源。

CentOS 7 系统自带 yum 源，但默认的 yum 源一般指向国外 CentOS 官网或其他站点，导致国内下载速度较慢，因此需要配置本地 yum 源。

1）配置本地 yum 源之前需备份原有 yum 源。

```
[root@localhost ~]# ls    /etc/yum.repos.d/                    //显示系统自带 yum 源
CentOS-Base.repo    CentOS-Debuginfo.repo    CentOS-Media.repo        CentOS-Vault.repo
CentOS-CR.repo        CentOS-fasttrack.repo    CentOS-Sources.repo
[root@localhost ~]# mkdir    /root/yumback
[root@localhost ~]# mkdir    /mnt/dvd/
[root@localhost ~]# mv    /etc/yum.repos.d/*    /root/yumback/    //系统 yum 源备份
```

2）配置本地 yum 源。

```
[root@localhost ~]# mount    /dev/cdrom    /mnt/dvd/
[root@localhost ~]# vim    /etc/yum.repos.d/centos7.repo        //创建 yum 源文件并编辑
[centos7]                                                      //yum 源名称
name=centos 7                                                 //yum 源描述
baseurl=file:///mnt/dvd/                                      //yum 源位置
gpgcheck=0                                                    //不做 gpg 检查
enable=1                                                       //yum 源可用
```

3）安装 VMware Tools 之前需要安装 perl 软件包，可用 yum 源方式安装。

```
[root@localhost ~]# yum    clean    all                        //清 yum 缓存
[root@localhost ~]# yum    makecache                           //重建 yum 缓存
[root@localhost ~]# yum    install    -y    perl               //安装 perl 包
```

2.4.5　可执行文件安装

要安装 VMware Tools，需先卸载光驱。

```
[root@localhost ~]# umount    /mnt/dvd/                        //卸载光驱
```

选中 VMware Workstation 中要安装 VMware Tools 的虚拟机，选择"虚拟机"→"安装

VMware Tools"命令，然后在虚拟机中执行以下步骤。

```
[root@localhost ~]# mount   /dev/cdrom   /mnt/dvd/              //挂载 VMTools 的 ISO 文件
[root@localhost ~]# tar   -zxf   /mnt/dvd/VMwareTools-10.3.10-13959562.tar.gz   -C   /root
[root@localhost ~]# cd   /root/vmware-tools-distrib/
[root@localhost vmware-tools-distrib]# ./vmware-install.pl        //执行安装脚本文件
```

对所有安装过程中的提示按〈Enter〉键，按默认设置安装。安装完成后，需重启系统。

```
[root@localhost vmware-tools-distrib]# reboot
```

2.4.6　拓展与提高

1．配置网络 yum 源

有时候操作系统需要安装一些软件，但是本地 yum 源没有，这时候需要配置网络 yum 源。网络 yum 源做得比较好的有阿里云开源镜像、网易开源镜像、清华大学开源镜像等。例如，使用阿里云 yum 源的方法如下。

```
[root@localhost ~]# mv /etc/yum.repos.d/CentOS-Base.repo /etc/yum.repos.d/CentOS-Base.repo.backup
[root@localhost ~]# wget -O /etc/yum.repos.d/CentOS-Base.repo http://mirrors.aliyun.com/repo/Centos-7.repo
```

也可以在开源软件镜像站直接下载 Repo 文件，下载后将 yum 源文件使用 Xftp 等软件上传到 CentOS 7 的/etc/yum.repos.d/目录。

2．设置光驱开机自动挂载

手动挂载光驱配置本地 yum 源时，当系统重启之后，挂载失效，yum 源也不再可用。解决这一问题就要实现光驱的开机自动挂载，可以通过修改/etc/fstab 文件实现。

```
[root@localhost ~]   vim   /etc/fstab
```

在文件末尾追加一行。

```
/dev/cdrom   /mnt/dvd   iso9660   defaults   0   0
```

系统重启后生效。

3．虚拟机快照与克隆

CentOS 7 基础环境搭建好之后，需要拍摄快照。值得注意的是，只有停止状态的虚拟机快照才可以克隆虚拟机。有关虚拟机快照与克隆，请参阅第 1 章的相关内容。

2.5　工作任务 6——Linux 用户及权限管理

2.5.1　任务目的

Linux 操作系统用户也是一些服务的默认本地用户，如 FTP、Postfix 等服务。新星公司决定搭建属于自己的 Linux 服务器，信息中心决策层认识到，对于初次接触服务器技术的管理员来说，必须熟练掌握 Linux 用户及权限的管理技能。因此公司决定开展培训，让管理员掌握 Linux 用户及用户组管理、权限管理的操作技能。

2.5.2 任务规划

新星公司开展 Linux 用户及用户组管理、权限管理的培训，培训的内容包括认识 CentOS 7 的用户文件、用户组文件，掌握用户及用户组管理工作技能和权限管理工作技能。

2.5.3 Linux 用户文件

Linux 用户文件包括/etc/passwd、/etc/shadow 两个文件。

1．/etc/passwd 用户账户文件

Linux 用户被划分为 3 类：根用户、系统用户和普通用户。根用户（root 用户）也称为超级用户，root 用户名不允许修改。root 用户是系统的所有者，对系统拥有最高的权限，可以对所有文件、目录进行访问，可以执行系统中的所有程序。系统用户是 Linux 系统正常工作所必需的内建用户。普通用户是为了让使用者能够使用 Linux 系统资源而建立的，它的权限由系统管理员规定。

在 CentOS 7 操作系统中，每一个用户都有一个唯一的身份标识，称为用户 ID（UID）。root 用户的 UID 为 0，系统用户的 UID 介于 1 和 999 之间，普通用户的 UID 大于或等于 1000。

Linux 系统所有用户的信息保存在/etc/passwd 文件中，该文件中每个用户占用一行，每行有 7 个字段，各字段之间用"："隔开。其格式如下。

> username：password：UID：GID：userinfo：home：shell

username：用户名，是用户所在系统的标识，通常长度不超过 8 个字符，由字母、数字、下画线或句点组成。

password：密码，该字段存放加密后的用户密码，通常用一个特殊字符"x"表示，真正的密码已转移到/etc/shadow 文件中。

UID：用户标识号，UID 是系统中的唯一标识号，必须是整数，通常和用户名一一对应。

GID：用户组标识号，该字段记录用户所属的基本用户组。

userinfo：个人信息，该字段记录用户的真实姓名、电话、地址和邮编等个人信息，各项之间用"，"分隔。该字段内容可以为空。

home：用户属主目录，该目录是用户登录系统后的默认目录，普通用户的属主目录是/home 目录下的同名目录，root 用户的属主目录为/root。

shell：用户以文本方式登录系统后启动的 shell。

2．/etc/shadow 用户密码文件

操作系统将用户的口令加密之后放在另一个文件/etc/shadow 中，并且对该文件设置严格的权限，只有 root 用户可以读取该文件。在/etc/shadow 文件中，每个用户密码占用一行，每行有 9 个字段，各字段之间用"："分隔。其格式如下。

> username：encypted password：number of days：minimum password life：maximum password life：warning period：disable account：account expiration：reserved

username：用户的登录名。

encypted password：已加密的用户口令（即密码）。

number of days：从 1970 年 1 月 1 日到上次修改密码的天数。

minimum password life：两次修改密码之间至少要经过的天数。

maximum password life：密码有效期的最大天数，如果是 99999，则表示密码永不过期。

warning period：在密码失效前，提醒用户密码即将失效的天数。

disable account：密码过期之后，停用该账户的天数。

account expiration：账户失效、禁止登录的时间。

reserved：该字段暂未使用，系统保留。

2.5.4　Linux 用户管理命令

用户管理主要包括添加新用户、修改用户密码和删除用户等操作。

1. 添加新用户

useradd 命令用于创建新用户，只有超级用户 root 才能使用此命令。使用 useradd 命令创建用户后，应利用 passwd 命令为新用户设置密码。例如，添加用户 bob、mary。

```
[root@localhost ~]# useradd   bob
[root@localhost ~]# useradd   mary
```

2. 修改用户密码

通过 passwd 命令可以完成为新用户设置密码。例如，为刚才创建的用户设置密码。

```
[root@localhost ~]# passwd   bob
Changing password for user bob
New UNIX password：
Retype new UNIX password：
```

修改用户的密码需要两次输入以进行确认。密码是保证系统安全的一个重要措施，在设置密码时，不要使用过于简单的密码。Linux 中输入密码的时候，没有任何字符提示，这有别于 Windows 系统有 "*" 或其他符号提示。

3. 删除用户

userdel 命令可删除用户，只有超级用户 root 才能使用此命令。例如，删除用户 bob、mary。

```
[root@localhost ~]#userdel   bob            //删除用户 bob
[root@localhost ~]#userdel  -r   mary        //删除用户 mary，同时删除其属主目录
[root@localhost ~]#ls   /home
bob                                          //mary 目录已被删除
```

2.5.5　Linux 用户组文件

Linux 用户组文件是/etc/group 文件。用户组的信息保存在/etc/group 文件中，所有用户都可读取该文件，该文件存储着用户组的相关信息。在/etc/group 文件中，每个组占用一行，每行有 4 个字段，各字段之间用 ":" 分隔。其格式如下。

　　　组名：组密码：用户组标识（GID）：组成员列表

组名：用户组在系统中的标识。

组密码：用户组的密码，由于安全原因，相应内容已转到 gshadow 文件中，在此用

"x" 表示。一般不设置组密码。

用户组标识（GID）：组 ID，其数值在系统内必须唯一。

组成员列表：组内的成员，多个成员之间用","分隔。

2.5.6　Linux 用户组管理

用户组的管理主要包括用户组的添加、修改和删除等操作。这些操作与系统中的 /etc/group 文件密切相关。

1．添加用户组

groupadd 命令用于添加新用户组。其命令格式如下。

> groupadd　用户组名

例如，添加一个新的用户组 student。

```
[root@localhost ~]# groupadd    student
[root@localhost ~]# tail    -3    /etc/group
bob:x:1001:
student:x:1002:
mary:x:1003:
```

用户组添加成功后，该组的信息将保存在/etc/group 文件中。

2．删除用户组

groupdel 命令用于删除用户组。其命令格式如下。

> groupdel　用户组名

例如，删除用户组 student。

```
[root@localhost ~]# groupdel    student
[root@localhost ~]# tail    -3    /etc/group
dhcpd:x:177:
bob:x:1001:
mary:x:1003:
```

3．修改组成员

gpasswd 命令用于修改组内成员。其命令格式如下。

> gpasswd　[选项]　用户名　组名

其中，选项"-a"实现向组内添加用户，选项"-d"实现从组中删除用户。用户必须是系统中已经存在的，若用户不存在，必须先用 useradd 命令添加。组名也必须是已经存在的，若组不存在，必须先用 groupadd 命令添加。

1）将用户 mary、bob 添加到组 student 中。

```
[root@192 ~]# groupadd    student
[root@192 ~]# gpasswd    -a    bob    student
Adding user bob to group student
[root@192 ~]# gpasswd    -a    mary    student
Adding user mary to group student
```

```
[root@192 ~]# tail    -1    /etc/group
student:x:1004:bob,mary
```

2）将用户 bob 从组 student 中删除。

```
[root@localhost ~]# gpasswd   -d   bob    student
[root@localhost ~]# tail    -1    /etc/group
student:x:1004:mary
```

需要指出的是，Linux 系统在添加用户的时候，会自动生成一个同名用户组。

2.5.7　Linux 权限管理

Linux 的文件或目录被一个用户拥有时，这个用户称为该文件的所有者，同时该文件还被指定的用户组拥有，这个用户组称为文件所属组。文件的权限由权限标志来决定，权限标志决定了文件的所有者、文件的所属组、其他用户对文件访问的权限。

1．使用 ls 命令查看目录或文件的权限

使用 ls 命令加"-l"选项（或使用 ll 命令），可以查看目录或文件的参数。

ls   -l   文件名或上级目录

普通文件在文本界面下用白色表示，目录文件用蓝色表示。

```
[root@ localhost ~]# ls    -l
drwxr-xr-x. 2 root root        6 Mar 10 00:54 dir1
-rw-r--r--.  1 root root        0 Mar 10 00:49 text
```

第一列的第一个字符表示文件的类型，"-"表示普通文件，"d"表示目录，"1"表示链接文件。第 2～10 个字符表示文件或目录的权限，这 9 个字符每 3 个一组。第一组表示目录或文件所有者的权限，r 表示读权限、w 表示写权限、x 表示执行权限、-表示没有权限；第二组表示所有者同组的用户权限；第三组表示其他用户的权限。

第三列表示文件的所有者，第四列表示文件所属的组。

2．chown 命令

Linux 为每个文件都分配了一个文件所有者，称为文件主，对文件的控制取决于文件主或 root 用户。文件的所有关系是可以改变的，chown 命令用来改变某个文件或目录的所有权。chown 命令的格式如下。

chown   用户:组   文件名

"用户"可以是用户名或用户 UID，"组"可以是组名或 GID，"文件名"是以空格分隔的文件列表，可以用通配符标识文件名。":"与组名之间没有空格。例如：

```
[root@localhost ~]# chown    bob:student    text   //将文件 text 的所有者改为 bob，所属组改为 student
[root@localhost ~]# chown    mary    text          //将文件 text 的所有者改为 mary
[root@localhost ~]# chown    :student   text        //将文件 text 的所属组改为 student
```

3．文字表示法修改权限

Linux 系统中的每个文件和目录都有访问权限，用它来确定谁可以通过何种方式对文件或目录进行访问与操作。访问权限分为 3 种不同类型的用户：文件所有者（u）、同组用户（g）、可以访问系统的其他用户（o）。

访问权限规定了 3 种访问文件或目录的方式：读（r）、写（w）、执行（x）。

chmod 命令用于改变文件或目录的访问权限，用户可用该命令控制文件或目录的访问权限。只有文件主或 root 用户才有权用 chmod 命令改变文件或目录的访问权限。chmod 命令的格式如下。

      chmod   [ugoa][+-=][rwxugo]   文件名或目录

其中，u 表示文件所有者、g 表示同组用户、o 表示其他用户、a 表示所有用户，+表示增加权限、-表示减掉权限、=表示赋予权限。例如：

```
[root@ localhost ~]# ls    -l                          //显示 home 目录下内容的详细信息
drwxr-xr-x. 2 root root        6 Mar 10 00:54 dir1
-rw-r--r--.   1 root root       0 Mar 10 00:49 text
[root@localhost ~]# chmod   g+w   text                 //对 text 文件，组用户添加写权限
[root@localhost ~]# ls   -l
drwxr-xr-x. 2 root root        6 Mar 10 00:54 dir1
-rw-rw-r--. 1 root root        0 Mar 10 00:49 text
[root@localhost ~]# chmod   g=u   dir1                  //对 dir1 目录，组成员拥有与所有者同样的权限
[root@localhost ~]# ls   -l
drwxrwxr-x. 2 root root        6 Mar 10 00:54 dir1
-rw-rw-r--.   1 root root      0 Mar 10 00:49 text
 [root@localhost ~]# chmod   o-r   text                 //对 text 文件，其他用户取消读权限
[root@localhost ~]# ls    -l
drwxrwxr-x. 2 root root        6 Mar 10 00:54 dir1
-rw-rw----.   1 root root      0 Mar 10 00:49 text
[root@localhost ~]# chmod   o+w   dir1                  //开放 dir1 目录其他用户的写权限
[root@localhost ~]# ls   -l
drwxrwxrwx. 2 root root        6 Mar 10 00:54 dir1
-rw-rw----.   1 root root      0 Mar 10 00:49 text
[root@localhost ~]# chmod   u+x,o+r   text              //所有者添加执行权限，其他用户添加读权限
[root@localhost ~]# ls    -l
drwxrwxrwx. 2 root root        6 Mar 10 00:54 dir1
-rwxrw-r--.   1 root root      0 Mar 10 00:49 text
```

4. 数字表示法修改权限

指定文件的权限还有一种更方便、更实用的方法，称为数字表示法，也就是用 0～7 这 8 个数字来表示文件的权限。在 Linux 中，和一个文件相关的有 3 种类型的用户：u、g、o。而每一类用户又有 3 种访问权限：r、w、x。把具体的访问权限用二进制数来表示，就可以得到每一类用户的权限的数字化表示形式。

如果文件 text 的权限是"rw-r--r--"，分别表示了 u、g、o 用户的权限。其中，所有者权限是"rw-"，同组用户的权限是"r--"，其他用户的权限是"r--"。可以将 r、w、x 看成二进制数，如果有，则用 1 表示，没有则用 0 表示，那么"rw-r--r--"可以表示成"110 100 100"。这一串二进制数中每 3 位数一组，共 3 组，分别表示了 3 类用户的权限。将二进制数中每 3 位一组转换为十进制数，就得到"644"。那么文件 text 的权限用数字形式表示就是 644。

更简单的表示方法是将 r、w、x 权限分别用 4、2、1 来表示，没有权限则是 0，则上述示例中每类用户的权限相加也会得到文件 text 的权限为 644。

用数字来表示文件的权限是非常方便的，特别是在命令的书写中。在上面的例子中，假如要修改文件 text 的权限为"rw-rw-r--"，即将文件权限设置为 664，则可以用以下命令来修改。

```
[root@localhost ~]# chmod   664   text
```

Linux 系统中，文件的默认最高权限为 666，目录的默认最高权限为 777。

2.5.8   拓展与提高

下面通过一个综合案例来说明 Linux 用户管理、权限管理。要求：以 root 账户登录系统，新建 jinan 用户、city 用户组，将 jinan 用户添加到 city 用户组；新建/root/sdcet 文件，设置/root/sdcet 文件的所有者为 jinan、属组为 city；设置/root/sdcet 文件的权限为 jinan 用户可读、写、执行，city 用户组可读、写，其他成员可读、写。

1．用户及用户组设置

```
[root@localhost ~]# useradd   jinan              //添加 jinan 用户
[root@localhost ~]# passwd   jinan               //设置 jinan 用户密码
[root@localhost ~]# groupadd   city              //添加 city 用户组
[root@localhost ~]# gpasswd   -a   jinan   city   //将 jinan 用户添加到 city 用户组
```

2．更改文件所有者

```
[root@localhost ~]# touch   /root/sdcet           //创建 sdcet 文件
[root@localhost ~]# chown   jinan:city   /root/sdcet   //更改 sdcet 文件的所有者
```

3．更改文件权限

```
[root@localhost ~]# chmod   766   /root/sdcet      //更改 sdcet 文件的权限
```

4．列表查看

```
[root@localhost ~]# ls   -l   /root
-rwxrw-rw-. 1 jinan city          0 Mar 12 14:22 sdcet
```

2.6   工作任务 7——Windows 用户及权限管理

2.6.1   任务目的

Windows Server 操作系统用户也是一些服务的默认用户，如 FTP 服务。新星公司决定搭建属于自己的 Windows Server 2016 服务器，信息中心决策层认识到，对于初次接触服务器技术的网络管理员来说，必须熟练掌握 Windows Server 2016 用户及权限的管理技能。因此公司决定开展培训，让网络管理员掌握 Windows Server 2016 用户及用户组管理、权限管理的操作技能。

2.6.2   任务规划

新星公司开展 Windows Server 2016 用户及用户组管理、权限管理的培训，培训的内容包括了解 Windows Server 2016 的内置账户、内置用户组，了解文件夹（或文件）的 NTFS

38

权限、共享权限。

下面通过一个综合案例来了解 Windows Server 2016 用户及用户组管理、权限管理。要求：新建 jinan 用户、city 用户组，将 jinan 用户添加到 city 用户组；新建 sdcet 文件夹，并将 sdcet 文件夹对 jinan 用户的 NTFS 权限设置为完全控制。

2.6.3 本地用户及本地用户组

1．Windows Server 本地用户账户

Windows Server 2016 用户账户可以分为本地用户账户和域用户账户，非域管理环境下仅考虑本地用户账户。Windows Server 2016 是多用户操作系统，可以在一台计算机上建立多个用户账户，不同用户用不同账户登录，尽量减少相互之间的影响。Windows Server 2016 系统在安装完成后，会自动生成内置用户账户，它用于执行特定的管理任务或使用户能够访问网络资源。内置用户账户包括 Administrator、Guest。

- Administrator（系统管理员）。Administrator 账户可以对整台计算机或域配置进行管理，如创建、修改用户账户和组，管理安全策略，创建打印机，分配允许用户访问资源的权限等。作为管理员，应该创建一个普通用户账户，在执行非管理任务时使用该用户账户，仅在执行管理任务时才使用 Administrator 账户。Administrator 账户可以更名，但不可以删除。
- Guest（来宾）。一般的临时用户可以使用内置 Guest 账户进行登录并访问资源。在默认情况下，为了保证系统的安全，Guest 账户是禁用的。在安全性要求不高的网络环境中，可以使用该账户。它不可删除，但可以更名。

2．Windows Server 本地组账户

Windows Server 2016 组账户可以分为本地组账户和域组账户，非域管理环境下仅考虑本地组账户。对用户进行分组管理可以灵活地进行权限设置，方便管理员对 Windows Server 2016 的管理。Windows Server 2016 系统在安装完成后，会自动生成内置本地用户组，主要的本地组有 Administrators、Users、Guests 等。

- Administrators（管理员用户组）。默认情况下，Administrators 组中的用户对计算机有不受限制的完全访问权。分配给该组的默认权限允许对整个系统进行完全控制。
- Users（普通用户组）。这个组的用户可以运行经过验证的应用程序，不允许 Users 组成员修改操作系统的设置或用户资料，也不能修改系统注册表设置、操作系统文件或程序文件。
- Guests（来宾组）。该组只有 Guest 成员，受限制更多。

系统中还有一些特殊身份的内置组，这些组的成员是临时的，如 Everyone。Everyone 组包括本地的所有用户成员，以及来自网络访问的用户成员。

2.6.4 共享权限与 NTFS 权限

1．共享权限

Windows Server 2016 通常通过共享文件夹作为文件服务器来共享资源。共享文件夹可以使用共享权限进行简单的应用和管理。在 Windows Server 2016 中，创建新的共享文件夹时，会自动分配 Everyone 组具有读取权限。共享权限是对网络访问用户所开放的权限，分为读取、修改、完全控制 3 种权限。

- 读取。"读取"权限是分配给 Everyone 组的默认权限。具有"读取"权限的用户可以查看文件名和子文件夹名、查看文件中的数据、运行程序文件等。
- 修改。具有"修改"权限的用户可以添加文件和子文件夹、更改文件中的数据、删除子文件夹和文件等。
- 完全控制。"完全控制"权限是分配给本地计算机上 Administrators 组的默认权限。"完全控制"权限具有"读取"及"修改"权限。

2. NTFS 权限

Windows Server 2016 采用 NTFS 文件系统，NTFS 权限只适用于 NTFS 磁盘分区。利用 NTFS 权限可以控制用户、用户组对文件夹和文件的访问。

NTFS 文件夹权限共有完全控制、修改、读取、读取和执行、列出文件夹内容、写入 6 种。这 6 种权限的含义如下。

- 完全控制。该权限允许用户对文件夹、子文件夹、文件进行全权控制，如修改资源的权限、获取资源的所有者、删除资源的权限等，拥有"完全控制"权限就等于拥有了其他所有的权限。
- 修改。该权限允许用户修改或删除资源，同时让用户拥有写入、读取和运行权限。
- 读取和执行。该权限允许用户拥有读取和列出资源目录的权限，也允许用户在资源中进行移动和遍历，用户能够直接访问子文件夹与文件。
- 列出文件夹内容。该权限允许用户查看资源中的子文件夹与文件名称。
- 读取。该权限允许用户查看该文件夹中的文件及子文件夹，也允许查看该文件夹的属性、所有者和拥有的权限等。
- 写入。该权限允许用户在该文件夹中创建新的文件和子文件夹，也可以改变文件夹的属性、查看文件夹的所有者和权限等。

3. NTFS 权限规则

用户账户可能属于多个用户组，如果某资源对每个组设定了不同的权限，用户对该资源拥有什么样的权限，需要遵循以下的 NTFS 权限规则。

（1）权限累积

例如，bob 用户既属于 student 用户组，也属于 male 用户组，study 文件夹对 student 用户组设置"写入"权限，对 male 用户组设置"读取"权限，那么 bob 用户对 study 文件夹具有"写入""读取"权限。

（2）文件权限优于文件夹权限

例如，study 文件夹中有 english.txt 文件，study 文件夹对 bob 用户设置"写入"权限，english.txt 文件对 bob 用户设置"写入""读取"权限，那么 bob 用户对 english.txt 文件具有"写入""读取"权限。

（3）拒绝优于允许

例如，bob 用户既属于 student 用户组，也属于 male 用户组，study 文件夹对 student 用户组设置允许"写入"权限，但是对 male 用户组设置了拒绝"写入"权限，那么 bob 用户对 study 文件夹没有"写入"权限。

2.6.5 用户及其权限设置案例

新建 jinan 用户、city 用户组，将 jinan 用户添加到 city 用户组。新建

工作任务 7
用户及其权限
设置案例

sdcet 文件夹，并将 sdcet 文件夹对 jinan 用户的 NTFS 权限设置为完全控制。

1. 新建用户 jinan

以系统管理员身份登录计算机，在"开始"菜单中选择"Windows 管理工具"命令，打开"管理工具"控制台。双击"计算机管理"，打开"计算机管理"控制台。在"计算机管理"控制台中，依次展开"本地用户和组"→"用户"，右击"用户"，在弹出的菜单中选择"新用户"命令，打开"新用户"对话框。在该对话框中输入用户名 jinan、密码等信息，如图 2-2 所示。单击"创建"按钮，jinan 用户创建完成。

2. 新建用户组 city 并向组中添加 jinan 用户

1）在"计算机管理"控制台中，右击"组"，在弹出的菜单中选择"新建组"命令，打开"新建组"对话框。在该对话框中输入组名 city，如图 2-3 所示。

图 2-2　新建 jinan 用户　　　　　　　　图 2-3　新建 city 用户组

2）单击"添加"按钮，打开"选择用户"对话框，在"输入对象名称来选择"文本框中输入用户名"jinan"，如图 2-4 所示。

3）单击"确定"按钮，返回"新建组"对话框，如图 2-5 所示。单击"创建"按钮，city 用户组创建完成，同时添加了 jinan 用户到该组。

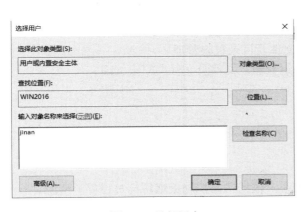 

图 2-4　选择用户　　　　　　　　　　　图 2-5　添加组成员

3．新建 sdcet 文件夹，设置 NTFS 权限

1）新建 sdcet 文件夹，右击该文件夹，在弹出的菜单中选择"属性"命令。在文件夹属性对话框中选择"安全"选项卡，单击"编辑"按钮，打开"sdcet 的权限"对话框。

2）"sdcet 的权限"对话框的"组或用户名"列表框中没有 jinan 用户，需要单击"添加"按钮，打开"选择用户或组"对话框。在"输入对象名称来选择"文本框中输入用户名"jinan"，如图 2-6 所示。

3）单击"确定"按钮，返回"sdcet 的权限"对话框，选中 jinan，然后在权限区域勾选"完全控制"后的"允许"复选框，如图 2-7 所示。单击"确定"按钮，返回文件夹属性对话框。单击"确定"按钮，完成 sdcet 文件夹 NTFS 权限的设置。

图 2-6　选择用户或组

图 2-7　设置 jinan 用户的权限

2.7　本章总结

服务器管理基础技能是学习服务器技术的基础。本章重点内容如下。

1）Linux 基础命令。

2）vim 编辑器。

3）Linux 系统 IP 地址设置。

4）Linux 系统软件包的安装方式。

5）Linux 系统的用户及用户组管理，文件及目录权限管理。

6）Windows Server 系统的用户及用户组管理，文件及文件夹权限管理。

2.8　习题与实训

一、填空题

1．访问控制可以分为_____、_____、_____三大类。

2．用户通过_____可以登录操作系统，依据访问控制策略访问被授权的资源。

3．_____是具有相同权限的用户的集合。

4．操作系统中每一个目录或文件都包含相应的_____，决定了谁能访问和如何访问这些目录或文件。

5．yum 源可分为_____、_____。

6．Linux 的用户文件有_____、_____。

7．Windows Server 内置用户有_____、_____。

二、选择题

1．在命令行状态下，超级用户的提示符是_____。
A．#　　　　　　　B．$　　　　　　　C．:\　　　　　　D．>

2．改变文件所有者的命令为_____。
A．chmod　　　　B．touch　　　　C．chown　　　　D．cat

3．要改变文件或目录的访问权限，使用_____命令。
A．chmod　　　　B．chown　　　　C．usermod　　　　D．chsh

4．在 vim 中，从编辑模式到命令模式，可以使用〈_____〉键。
A．F2　　　　　　B．Shift　　　　C．Tab　　　　　D．Esc

5．_____命令用于保存并退出 vim 编辑器。
A．q!　　　　　　B．w　　　　　　C．q　　　　　　D．wq

6．命令 Ls -l 是无效的，这是因为_____。
A．Linux 命令不能包含连字符
B．Linux 命令是区分大小写的
C．ls 是一个脚本的名字，而不是命令的名字
D．ls 命令没有-l 选项

7．vim 编辑器的编辑模式，要切换到末行模式，以下操作中，正确的是_____。
A．按〈Esc〉键　　　　　　　　　B．按〈Esc〉键，然后按〈:〉键
C．直接按〈:〉键　　　　　　　　D．按〈Shift+:〉组合键

8．以下不是 Windows Server 2016 内置用户组的是_____。
A．Administrators　　　　　　　B．Users
C．Guest　　　　　　　　　　　D．Guests

三、简答题

1．简述如何用数字表示 Linux 目录或文件的权限？

2．简述 Windows Server 2016 的 NTFS 权限有哪些？

3．vim 编辑器有哪 3 种工作模式？相互之间如何转换？

4．简述配置网络 yum 源的方法。

5．将光驱挂载到/mnt/mycd 目录，写出本地 yum 源配置文件。

6．列举国内几个开源软件镜像站。

四、实训

1．Linux 用户及用户组管理，目录或文件权限管理

实训目的：掌握 Linux 中用户及用户组的管理方法；掌握 Linux 中目录或文件权限的设置方法。

实训环境：网络环境中装有 CentOS 7 操作系统的计算机。

实训步骤：

1）实训规划：以 root 账户登录系统，新建 mary 用户、student 用户组，将 mary 用户添加到 student 用户组。新建/computer 目录，设置/computer 目录的所有者为 mary。设置/computer 目录的权限为 mary 用户可读、写，组内成员可读、写，其他成员只读。

2）新建 mary 用户，并设置其密码为 123456。查看 Linux 用户文件，看 mary 用户的信息在不在用户文件中。

3）新建 student 用户组，将 mary 用户加入到 student 用户组中。查看组文件，看 mary 用户是否在 student 用户组中。

4）新建/computer 目录。

5）设置/computer 目录的权限为 664。

6）查看权限是否设置成功。

7）撰写实训报告。

2．Windows Server 用户及用户组管理，文件夹或文件权限管理

实训目的： 掌握 Windows Server 中用户及用户组的管理方法；掌握 Windows Server 中文件夹或文件权限的设置方法。

实训环境： 网络环境中装有 Windows Server 2016 操作系统的 PC。

实训步骤：

1）实训规划：以 Administrator 账户登录系统，新建 mary 用户、student 用户组，将 mary 用户添加到 student 用户组。新建 computer 文件夹，设置 computer 文件夹的 NTFS 权限为 mary 用户完全控制。设置 computer 文件夹为共享文件夹，设置 Everyone 组的共享权限为读取。

2）新建 mary 用户，并设置密码。

3）新建 student 用户组，将 mary 用户加入到 student 用户组。

4）新建 computer 文件夹，设置对 mary 用户的 NTFS 权限为完全控制。

5）将 computer 文件夹在网络上共享，设置 Everyone 组的共享权限为读取。

6）撰写实训报告。

第3章 实现文件共享——NFS 与 Samba

资源共享是计算机网络最基础、最重要的功能之一。网络操作系统平台上常见的资源共享服务有 NFS、Samba、FTP。NFS（Network File System，网络文件系统）是用于类 UNIX 系统的不同计算机之间进行文件共享的一种网络协议。Windows 系统之间的文件共享是使用 Windows 文件共享对于 Linux 和 Windows 操作系统之间实现文件共享，则需要搭建 Samba 服务。云计算平台常用 NFS、Samba 做 NAS 存储。

3.1 学习情境设计

3.1.1 学习情境导入

新星公司信息系统中，存在 Linux、Windows 两大类操作系统，Linux 系统与 Linux 系统之间、Linux 系统与 Windows 系统之间有资源共享的需求。因此，新星公司信息中心决定搭建 NFS 服务器，解决 Linux 系统之间的数据共享问题；搭建 Samba 服务器，解决 Linux 系统与 Windows 系统之间的数据共享问题。通过管理 NFS 服务器及 Samba 服务器，实现对共享资源的有效管控。

3.1.2 教学导航

通过本章的学习与实训，读者可以掌握 Linux 操作系统平台 NFS 服务器、Samba 服务器的搭建、管理与维护技能，具备在操作系统之间实现资源共享的工作能力。教学导航如表 3-1 所示。

表 3-1　教学导航

章节重点	1）资源共享的含义； 2）NFS 服务的工作原理、基本配置、客户端测试等； 3）Samba 服务的工作原理、基本配置、客户端命令及测试等
章节难点	NFS 服务的基本配置；Samba 服务的基本配置、客户端命令及测试
技能目标	1）能够完成 Linux 中 NFS 服务器的搭建、管理与测试工作任务； 2）能够完成 Linux 中 Samba 服务器的搭建、管理与测试工作任务
知识目标	了解资源共享的含义；掌握 NFS 服务的工作原理；掌握 Samba 服务的工作原理
建议学习方法	通过教师的课堂演示，学生动手在 Linux 操作系统下搭建 NFS 服务器及 Samba 服务器，并掌握客户端命令及测试

3.2 基础知识

3.2.1 资源共享的含义

为了实现不同地理位置的计算机之间的资源共享，1969 年 11 月，美国国防部高级研究计划管理局（Advanced Research Projects Agency，ARPA）开始建设世界上的第一个网络，即只有 4 个节点的 ARPAnet 网络。

　　计算机网络中的资源包括软件、硬件及数据等。通常来说，可以被一个以上任务使用的资源称为共享资源。现代网络中，资源共享是为了实现协同工作或为了共同爱好，而将自己的资源通过一些平台共享给其他人。网络中的共享资源一般包括：数据资源，如应用程序数据、文件等；硬件资源，如打印机、扫描仪等；软件资源，如应用程序等。

3.2.2　NFS 服务

1．NFS 服务简介

　　NFS 最早是由 Sun 公司（已于 2009 年被甲骨文公司收购）于 1984 年开发出来的，其目的就是让不同计算机之间可以彼此共享文件。NFS 采用了客户机/服务器工作模式，如图 3-1 所示。NFS 服务器是输出一组文件的计算机，NFS 客户机是访问文件的计算机。

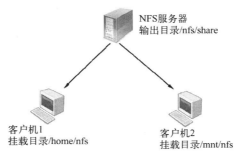

图 3-1　NFS 工作模式

　　例如，NFS 服务器将/nfs/share 目录设置为共享输出目录后，客户机 2 可将该目录挂载到本地文件系统的/mnt/nfs 目录。挂载成功后，客户机 2 即可通过操作/mnt/nfs 目录，实现对 NFS 服务器的/nfs/share 目录的访问。其他客户机挂载目录可能不尽相同，但挂载后都可以通过自己的挂载目录访问 NFS 服务器的输出目录。

2．NFS 服务的工作过程

　　NFS 需要依赖 RPC（Remote Procedure Calls，远程过程调用）服务，NFS 服务用来传输的端口是小于 1024 的随机端口，RPC 的主要功能就是指定 NFS 服务所对应的端口，并且通知给客户机，让客户机能够正确连接到相应的端口。

　　NFS 服务的工作过程如下。

　　1）NFS 启动时，随机开放小于 1024 的端口（如 1019 端口），向 RPC 注册该端口。

　　2）NFS 客户机要连接 NFS 服务器时，首先向 RPC（111 端口）查询 NFS 服务在哪个端口监听。

　　3）RPC 响应客户机，告知 NFS 服务在 1019 端口监听。

　　4）客户机连接 NFS 服务器的 1019 端口。

　　5）客户机与 NFS 服务器建立连接。

3.2.3　Samba 服务

1．Samba 服务简介

　　Samba 使用基于 TCP/IP 的 SMB（Server Message Block，服务器信息块）协议，该协议

是在局域网中共享文件夹和打印机的一种协议，是微软公司和英特尔公司于 1987 年制定的 Microsoft 网络通信协议。SMB 协议是一个开放性的协议，支持协议扩展，能够应用于 Linux、Windows 等多种平台。

Samba 有两个核心守护进程，即 smbd 和 nmbd。Samba 服务在未停止服务的情况下，smbd 监听 139 TCP 端口，nmbd 监听 137 和 138 UDP 端口。

2．Samba 服务的工作过程

Samba 通过 Windows 操作系统的 NetBIOS 和 SMB 这两个协议运行于 TCP/IP 通信协议之上，并使 Windows 操作系统能在网络中看到 Linux 主机的名称和共享资源，同时也能使用 Linux 操作系统上所共享的资源。客户机与服务器之间的通信过程如图 3-2 所示。

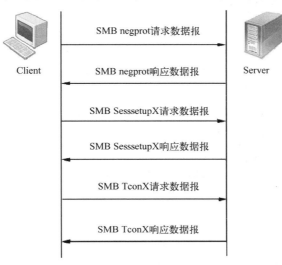

图 3-2　Samba 服务的工作过程

首先，客户机向 Samba 服务器发送一个 SMB negprot 请求数据报，并列出了它所支持的所有 SMB 协议版本；Samba 服务器在接收到客户机的请求后，如果客户机所发出的协议版本与 Samba 服务器提供的版本不符合，则向客户机返回一个 0XFFFFH 数据报，并结束通信。

若客户机发出的 SMB negprot 请求数据报通过了 Samba 服务器的确认，则客户机向服务器发送 SMB SesssetupX 数据报，其中包括了用户共享的认证，即访问共享资源的用户名和密码。若不能通过 Samba 服务器的认证，则客户机与 Samba 服务器的通信结束。

若前两次的数据报都通过了 Samba 服务器的确认，客户机则向 Samba 服务器发送 SMB TconX 请求数据报，其中包括了客户机需访问的共享资源名称，Samba 服务器确认其请求无误后，返回相应的共享资源列表。

最后，客户机与 Samba 服务器正常通信，进行文件操作。

3.3　工作任务 8——Linux 中 NFS 服务器的搭建

工作任务 8

3.3.1　任务目的

新星公司信息系统中接入了多台 Linux 主机，在开展业务活动时，经常需要共享业务数据。以往员工通过电子邮件及其他方式交流共享数据。针对以往共享数据交流随意性大、不易管控等缺点，新星公司信息中心决定搭建 NFS 服务器，实现 Linux 系统之间的数据共享，从而对共享资源实施有效管控。

3.3.2 任务规划

新星公司信息系统的 IP 地址在 192.168.100.0/24 网段，规划 NFS 服务器的 IP 地址为 192.168.100.10，服务器平台采用 CentOS 7 系统。192.168.100.0/24 网段的用户共享 NFS 服务器上的/nfs 目录，对 NFS 服务器上的资源有只读权限。

3.3.3 NFS 服务的安装与启动

1．NFS 服务的安装

安装 NFS 服务之前，为服务器配置静态 IP 地址 192.168.100.10，配置好 yum 源，配置方法参考第 2 章中相应的内容。同时，服务器与客户机关闭防火墙，关闭 SELinux。

NFS 服务需要两个软件包：rpcbind、nfs-utils。一般情况下，系统会默认安装这两个软件包。rpcbind 是 RPC 主程序，nfs-utils 是提供 rpc.nfsd、rpc.mountd 两个进程的 NFS 服务主程序。

1）查看系统是否已经安装 NFS 服务相关的软件包。

```
[root@localhost ~]# yum    list    installed |grep    rpcbind
[root@localhost ~]# yum    list    installed |grep    nfs-utils
```

2）如果软件包尚未安装，使用 yum 命令安装软件包。

```
[root@localhost ~]# yum    clean    all
[root@localhost ~]# yum    install    -y    nfs-utils
```

2．NFS 服务的启动

安装 NFS 软件包后，虽然初始状态的主配置文件是空的，但可以启动 NFS 服务。

```
[root@localhost ~]# systemctl    start    nfs
```

停止 NFS 服务。

```
[root@localhost ~]# systemctl    stop    nfs
```

重新启动 NFS 服务。

```
[root@localhost ~]# systemctl    restart    nfs
```

查看 NFS 服务的状态。

```
[root@localhost ~]# systemctl    status    nfs
```

3．设置服务开机自启动

如果希望系统启动时自动加载 NFS 服务，可以执行以下命令设置该服务开机自启动。

```
[root@localhost ~]# systemctl    enable    nfs
```

3.3.4 认识 NFS 服务主配置文件格式

对 NFS 服务器的配置，主要是通过编辑 NFS 服务的主配置文件/etc/exports 来实现的。

出于安全性的考虑，为了防止意外输出任何资源，系统默认没有任何输出目录，该文件默认配置为空。

主配置文件/etc/exports 定义了要输出哪些目录，并且定义了哪些客户机可访问输出的目录，及客户机对输出目录的访问权限。在/etc/exports 文件中，每一行定义一个共享目录，其命令格式如下。

<输出目录>　客户机 1(选项 1,选项 2,…)　客户机 2(选项 1,选项 2,…)

输出目录与客户机之间用空格或制表符隔开，不同客户机之间也要用空格或制表符隔开。同时指定客户机对输出目录的访问权限，访问权限用选项表示。选项用小括号括起来，不同的选项之间用逗号分隔，客户机与选项之间不能用空格隔开。

1. 输出目录

/etc/exports 文件中的每一行最前边就是要共享的目录，即输出目录。此目录必须用从根目录开始的完整路径表示。

2. 客户机表示方法

客户机是指可以访问 NFS 服务器的客户机名称。客户机的指定非常灵活，可以是单台客户机的 IP 地址或域名，也可以用子网号表示某个子网或用域名表示某个域中的主机，还可以配合通配符"*"表示所有的客户机。如果客户机采用主机名方式表示，该主机名一定要在/etc/hosts 文件内，或者在 DNS 服务器上解析了该主机，如表 3-2 所示。

表 3-2　客户机常用表示方法

客户机示例	说明
192.168.100.10	指定 IP 地址的主机
192.168.100.0/24（或 192.168.100.0/255.255.255.0）	指定子网中的所有主机
192.168.100.*	指定子网中的所有主机
jsj.sdcet.cn	指定域 sdcet.cn 中的 jsj 主机
*.sdcet.cn	指定域 sdcet.cn 中的所有主机
*	所有主机

3. 选项

选项用来设置客户机对 NFS 服务器输出目录的访问权限、用户映射等信息。主配置文件中选项之间使用逗号分隔。常用的 NFS 服务选项如表 3-3 所示。

表 3-3　主配置文件 exports 中的常用选项

选项	说明
ro	设置输出目录只读
rw	设置输出目录可读写
sync	表示数据同步，即数据同时写入内存与磁盘中
async	表示数据先暂存于内存，不直接写入磁盘
all_squash	不论远程客户机用户身份为何，都将以匿名用户身份访问 NFS 服务
root_squash	客户机使用 root 身份登录 NFS 服务时，映射成 NFS 服务器的匿名用户身份
no_root_squash	客户机使用 root 身份登录 NFS 服务时，映射成 NFS 服务器的 root 身份
secure	NFS 服务只开放小于 1024 的端口，允许客户机连接（默认设置）
insecure	NFS 服务允许客户机连接大于 1024 的端口

3.3.5　配置 exports 文件

1）创建/nfs 目录与测试文件。

```
[root@localhost ~]# mkdir   /nfs
[root@localhost ~]# touch   /nfs/123
```

2）使用 vim 编辑器打开主配置文件/etc/exports。

```
[root@localhost ~]# vim   /etc/exports
```

按以下格式修改/etc/exports 文件，保存后退出。

```
/nfs    192.168.100.0/24(ro)
```

3）在修改了/etc/exports 文件的内容后，需要重启 NFS 服务，使配置生效。

```
[root@localhost ~]# systemctl   restart   nfs
```

如果没有重新启动 NFS 服务，也可以使用 exportfs 命令使新修改的主配置文件生效，并可通过选项查看 NFS 服务器实现目录共享的情况。

```
[root@localhost ~]# exportfs   -rv
exporting 192.168.100.0/24:/nfs
```

3.3.6　客户机测试

1．showmount 命令

在 NFS 服务器设置完成后，客户机可以使用 showmount 命令查询 NFS 服务器输出的共享目录，然后使用 mount 命令将所需的共享目录挂载到自己的文件系统中。例如，显示 NFS 服务器（IP 地址为 192.168.100.10）的输出目录列表。

```
[root@localhost ~]# showmount   -e   192.168.100.10
Export list for 192.168.100.10:
/nfs 192.168.100.0/24
```

2．客户机挂载 NFS 服务器输出目录

查询到 NFS 服务器的共享目录后，可以使用 mount 命令挂载它们，命令格式如下。

```
mount    NFS 服务器名或 IP 地址：输出目录    本地挂载点
```

需要注意的是，客户机必须具有相应的权限才能顺利挂载 NFS 服务器输出的共享目录，否则系统会提示权限不符。另外，NFS 服务器名或 IP 地址与输出目录之间没有空格。

1）在 NFS 客户机中创建挂载点。

```
[root@localhost ~]# mkdir   /mnt/nfs
```

2）客户机挂载 NFS 服务器的输出目录。

```
[root@localhost ~]# mount   192.168.100.10:/nfs   /mnt/nfs/
```

3）挂载成功后，测试下载效果。

```
[root@localhost ~]# ls   /mnt/nfs/
```

```
123
[root@localhost ~]# cp    /mnt/nfs/123    /root/
[root@localhost ~]# ls    /root
123
```

4）客户机如果希望取消已经挂载的 NFS 文件系统，可以使用 umount 命令。例如，取消挂载到客户机/mnt/nfs 目录下的 NFS 共享目录，命令如下。

```
[root@localhost ~]# umount    /mnt/nfs
```

此时，NFS 对 192.168.100.0/24 网段的用户只有读权限，因此客户机不能实现文件上传操作。

3.3.7　NFS 服务管理

1．检查 NFS 服务进程
可以使用 ps 命令检查 nfs 进程。

```
[root@localhost ~]# ps    -eaf|grep    nfs
```

2．服务器端管理——exportfs 命令
在修改了/etc/exports 文件的内容后，不需要重新启动 NFS 服务，直接使用 exportfs 命令即可使新修改的主配置文件生效，并可通过选项查看 NFS 服务器实现目录共享的情况。

exportfs 的命令格式如下。

```
exportfs    [选项]
```

其中，选项的含义如表 3-4 所示。

表 3-4　exportfs 命令选项及其说明

命令选项	说　　明
-a	输出/etc/exports 文件中的所有共享目录
-r	重新读取/etc/exports 文件中的设置并使之生效，无须重启 NFS 服务
-u	停止输出共享目录
-v	显示当前的共享目录及详细的选项设置

在 NFS 服务器端查看输出的共享目录。

```
[root@localhost ~]# exportfs    -v
/nfs    192.168.100.0/24(ro)
```

修改/etc/exports 文件，无须重启 NFS 服务，可以使用以下命令使其生效。

```
[root@localhost ~]# exportfs    -rv
```

如果需要停止 NFS 服务器当前的所有共享目录，可以使用以下命令。

```
[root@localhost ~]# exportfs    -au
```

再次使用 exportfs　-v 命令，检查 NFS 服务器的共享目录。

```
[root@localhost ~]# exportfs    -v                         //输出结果已为空
```

3.3.8 拓展与提高

工作任务 8
拓展与提高

1. 开机自动挂载 NFS 服务

客户机使用 mount 命令可以手动挂载 NFS 服务,这使客户机每次开机时,用户就要执行一次该命令。可以通过修改客户机配置文件,实现客户机开机自动挂载 NFS 服务。

一般来说,Linux 主机开机自动挂载的配置文件是/etc/fstab。

    [root@localhost ~]# vim   /etc/fstab

在文件末尾加入以下内容,保存后退出。

    192.168.100.10:/nfs   /mnt/nfs   nfs   defaults   0   0

重启系统,自动挂载成功。

2. 一个应用案例

新星公司 NFS 服务器的 IP 地址为 192.168.100.10。所需要的共享目录有如下要求:共享/nfs 目录给 192.168.100.0/24 网络的所有计算机,权限为可读写,数据应同步;共享/home/bob 目录给客户机 192.168.100.90 上的 bob 用户,权限为可读写,允许 bob 用户从大于 1024 的端口连接 NFS 服务器;共享/sdcet 目录给域 sdcet.cn 中的所有用户,权限为只读,客户机无论以何种身份登录 NFS 服务器,都映射到服务器的匿名用户。

服务器端的配置如下。

1)配置 NFS 服务器的 IP 地址

配置 NFS 服务器的 IP 地址为 192.168.100.10,可参考第 2 章的相关内容。

2)添加 bob 用户。

    [root@localhost ~]# useradd   bob

3)修改/etc/hosts 文件。

    [root@localhost ~]# vim   /etc/hosts

在文件中增加一条记录。

    192.168.100.90   bob

4)创建共享目录,修改目录权限。

    [root@localhost ~]# mkdir   /nfs
    [root@localhost ~]# chmod   777   /nfs
    [root@localhost ~]# chmod   777   /home/bob
    [root@localhost ~]# mkdir   /sdcet
    [root@localhost ~]# chmod   755   /sdcet

5)修改主配置文件/etc/exports。

    [root@localhost ~]#vim   /etc/exports

按以下内容修改该文件,保存后退出。

    /nfs   192.168.100.0/24(rw,sync)

```
/home/bob    bob(rw,insecure)
/sdcet          *.sdcet.cn(ro,all_squash)
```

6）重新载入输出目录。

```
[root@localhost ~]# exportfs   -rv
Exportfs:192.168.100.0/24:/nfs
Exportfs:bob:/home/bob
Exportfs:*.sdcet.cn:/sdcet
```

192.168.100.90 客户端的配置如下。

1）创建 bob 用户。

```
[root@localhost ~]# useradd    bob
```

2）检查服务器上的共享目录。

```
[root@localhost ~]# showmount   -e   192.168.100.10
```

3）挂载共享目录。

```
[root@localhost ~]# mount   192.168.100.10:/home/bob   /home/bob
```

工作任务 9

3.4　工作任务 9——Linux 中 Samba 服务器的搭建

3.4.1　任务目的

新星公司信息系统中接入的主机以 Linux 系统和 Windows 系统为主，在开展业务活动时，经常需要共享业务数据，员工往往通过电子邮件及其他方式交流共享数据。

针对以往共享数据交流随意性大、不易管控等缺点，新星公司信息中心决定在 Linux 系统中搭建 Samba 服务器，实现 Linux 系统与 Windows 系统之间的数据共享，从而对共享资源实施有效管控。

3.4.2　任务规划

新星公司规划 Samba 服务器的 IP 地址为 192.168.100.10，服务器平台采用 CentOS 7 系统。Samba 服务器的共享目录是/share，只有 sdcet 用户组的成员 mary、bob 可以读写该目录，而其他用户只具有只读权限。

3.4.3　Samba 服务的安装与启动

1．Samba 服务的安装

安装 Samba 服务之前，为服务器配置静态 IP 地址 192.168.100.10，配置好 yum 源，关闭防火墙，关闭 SELinux。可通过以下命令确认 Samba 服务是否已安装。

```
[root@localhost ~]# yum    list   installed |grep    samba
```

如果系统还未安装 Samba，可以使用 yum 命令安装 samba 软件包。

```
[root@localhost ~]# yum    install   -y    samba
```

2．Samba 服务的启动

安装 samba 软件包后，虽然没有对 Samba 服务进行配置，但可以启动 Samba 服务。Samba 服务有两个守护进程：smb 和 nmb。启动 Samba 服务需要分别启动 smb、nmb 两个守护进程。smb 进程开启 139 和 445 端口，管理 Samba 服务的共享目录、打印机等。nmb 进程开启 137 和 138 端口，管理用户组、NetBIOS Name 的解析。

启动 Samba 服务。

```
[root@localhost ~]# systemctl   start   smb   nmb
```

如果希望系统启动时自动加载 samba 服务，可以执行以下命令，设置该服务开机自启动。

```
[root@localhost ~]# systemctl   enable   smb   nmb
```

3.4.4　认识 Samba 服务的配置文件

1．主配置文件/etc/samba/smb.conf

Samba 服务的主配置文件存放在/etc/samba 目录中，其文件名为 smb.conf。该文件是Samba 服务器的核心，Samba 服务器大部分的功能和配置都在其中。

使用 vim 编辑器打开/etc/samba/smb.conf。

```
[root@localhost ~]# vim   /etc/samba/smb.conf
```

其内容如下。

```
[global]
            workgroup = SAMBA
            security = user
            passdb backend = tdbsam
            printing = cups
            printcap name = cups
            load printers = yes
            cups options = raw
[homes]
            comment = Home Directories
            valid users = %S, %D%w%S
            browseable = No
            read only = No
            inherit acls = Yes
[printers]
            comment = All Printers
            path = /var/tmp
            printable = Yes
            create mask = 0600
            browseable = No
[print$]
            comment = Printer Drivers
            path = /var/lib/samba/drivers
            write list = @printadmin root
```

```
force group = @printadmin
create mask = 0664
directory mask = 0775
```

Samba 主配置文件由全局选项和共享定义选项两部分构成，[global]定义全局选项，[homes]、[printers]、[print$]定义默认共享。[homes]定义共享用户主目录，[printers]定义共享打印机，[print$]定义上传打印机的 Windows 驱动。

（1）全局选项

- workgroup 选项设置本机的域名或工作组名称，该名称会出现在 Windows 的网络和 Linux 的网络服务器中。在 Windows 系列操作系统中，默认的工作组名为 WORKGROUP。

- security 选项定义 Samba 服务器的安全级别。Samba 服务器共有 3 个安全级别：user、server、domain，系统默认为 user 安全级别。user 安全级别由提供服务的 Samba 服务器负责检查账户及密码，是 Samba 服务器默认的安全级别。server 安全级别指定由网络中的一台 Samba 服务器来负责验证账户及密码的工作。domain 安全级别是指 Samba 服务器加入到 Windows 域环境中，指定 Windows Server 域控制服务器验证账户及密码。Samba 4.7.1 版本不再默认支持 share 匿名访问级别。

- passdb backend 选项定义用户后台管理，Samba 有 3 种后台 smbpasswd、tdbsam 和 ldapsam，系统默认是 tdbsam。tdbsam 方式是使用数据库文件创建用户数据库 /etc/samba/passdb.tdb，passdb.tdb 用户数据库使用 pdbedit 命令创建，也可使用 smbpasswd 命令创建。

- printing 选项设置打印机类型。标准打印机类型包括 bsd、cups、sysv、plp、lprng、aix、hpux、qnx 等。

- printcap name 选项设置打印机驱动。如果启用该选项，默认情况下将自动加载打印机配置文件/etc/printcap。

- load printers 选项设置是否共享打印机。若该选项的参数值为 yes，则表示共享。默认情况下，该选项被启用，表示允许共享打印机。若不需要共享打印机，则只要在该选项前面加上注释符号"#"即可。

- cups options 是打印机选项。

（2）共享定义选项

共享定义选项分为 3 类：一类是设置共享名；另一类是基本选项，它是设置共享所必需的选项；最后一类是访问控制选项，用户可根据需要选择设置。

1）共享名。

必须为每个共享目录或打印机设置不同的共享名，共享资源才能发布，以提供给网络用户使用。共享名可以与原目录名不同。共享名的设置格式如下。

[共享名]

配置文件中的[homes]、[printers]、[print$]等就是共享名。

2）基本选项。

- comment 选项设置共享目录或设备的描述，如 comment = Home Directories。

● path 选项指定共享路径和被共享目录名，如 path = /home。

任何一个目录或设备的共享，都必须有以上两个基本选项，否则无法完成共享操作。

3）访问控制选项。

● valid users 选项设置允许访问共享的用户，如 valid users = user1,user2,@group1, @group2（多用户或组之间使用逗号隔开，@group 表示 group 用户组）。

● browseable 选项设置是否允许网络用户浏览共享目录，如 browseable = yes。

● writeable 选项设置被共享目录是否允许网络用户改写共享资源，如 writeable = yes。

● read only 选项设置客户机对共享目录是否为只读权限，如 read only = yes。

● read list 选项设置只读用户的列表。

● write list 选项设置读写用户的列表。

● create mask 选项创建的文件权限。

● directory mask 选项创建的目录权限。

2．Samba 的密码文件

当设置 user 的安全等级后，将由本地系统对访问 Samba 共享资源的用户进行认证。要进行认证，则需要一个 Samba 的密码文件。初始状况下，该文件并不存在，需要使用 pdbedit 命令创建该文件。用户第一次使用 pdbedit 命令创建 Samba 服务的账户时，会自动创建 passdb.tdb 文件，该文件在/var/lib/samba/private/目录下。/var/lib/samba/private/passdb.tbd 文件保存的是能够访问 Samba 服务器的用户名和密码。也可继续使用之前 samba 版本的 smbpasswd 创建 Samba 账户。

Samba 服务器的用户必须是 Linux 系统中已经注册存在的用户，只有 Linux 系统中的用户才能使用 pdbedit 命令，使之转换成 Samba 服务器的用户。pdbedit 命令的格式如下。

```
[root@localhost ~]# pdbedit  -a   用户名
```

该命令为 Linux 用户创建了一个 Samba 服务器的账户。Samba 服务器和 Linux 操作系统使用不同的密码文件，因此，Linux 操作系统中的用户账户不能直接登录 Samba 服务器，需要为 Linux 用户创建新的 Samba 用户账户和密码。例如：

```
[root@localhost ~]# pdbedit  -a   user
```

-a 后是 Linux 用户名，需要建立 Samba 密码，此密码是用户登录 Samba 服务器的密码。执行该命令后，一个名为 user 的 Samba 账户添加成功。设置 Samba 用户账户及密码时需要注意以下问题。

1）使用-a 选项的 pdbedit 命令添加单个的 Samba 账户并设置密码，且要求被添加的 Samba 账户的本地系统用户账户必须已经事先存在。

2）若被添加的 Samba 账户的本地系统用户账户不存在，则应该使用 useradd 命令添加。

pdbedit 命令的其他选项如下。

```
pdbedit  -Lv                        #显示本地所有 Samba 共享用户的详细信息
pdbedit  -x   samba 用户             #删除 Samba 服务用户
pdbedit  -c  "[D]"  -u  samba 用户    #暂停 smbuser 的 Samba 服务
pdbedit  -c  "[]"  -u  samba 用户     #恢复 smbuser 的 Samba 服务
```

3.4.5 配置步骤

1）添加用户 mary、bob 和组 sdcet。

```
[root@localhost ~]# useradd   bob                    //添加用户 bob
[root@localhost ~]# passwd   bob
[root@localhost ~]# pdbedit  -a  bob                 //将 bob 加入密码文件
[root@localhost ~]# useradd   mary                   //添加用户 mary
[root@localhost ~]# passwd   mary
[root@localhost ~]# pdbedit  -a  mary
[root@localhost ~]# groupadd   sdcet                 //添加组 sdcet
[root@localhost ~]# gp asswd  -a  bob   sdcet        //向组添加用户 bob
[root@localhost ~]# gpasswd  -a  mary  sdcet         //向组添加用户 mary
```

2）创建目录/share，并使该目录属于 sdcet 组，修改组对该目录的权限。

```
[root@localhost ~]# mkdir   /share                   //创建共享目录 share
[root@localhost ~]# touch   /share/1.txt             //创建测试文件 1.txt
[root@localhost ~]# chgrp  sdcet   /share            //将 share 目录修改为 sdcet 组
[root@localhost ~]# chmod   775   /share             //修改 share 目录对组用户的权限
```

3）修改主配置文件 smb.conf。

```
[root@localhost ~]# vim   /etc/samba/smb.conf
[global]
        workgroup = SAMBA
        security = user
        passdb backend = tdbsam
        printing = cups
        printcap name = cups
        load printers = yes
        cups options = raw
[share]
        comment = share's Directory
        path = /share
        public = no
        valid users = @sdcet
        writable = yes
        write list = @sdcet
```

注意将[homes]、[printers]、[print$]共享屏蔽掉。

4）修改完主配置文件后，重启 Samba 服务，使配置生效。

```
[root@localhost ~]# systemctl   restart   smb   nmb
```

对于文件系统权限和共享权限的作用，需要注意以下几点。Samba 服务器要将本地文件系统共享给网络用户，这就涉及本机文件系统权限和 Samba 权限两种权限。当 Samba 用户访问共享目录时，最终的权限是这两种权限中最严格的权限。例如，如果在 smb.conf 中对用户设置了写权限，但用户对共享的 Linux 文件系统本身不具有写权限，结果就是用户对共享目录不具有写权限。

3.4.6 客户机测试

Samba 服务器设置完成后，网络中的用户就可以作为客户机访问 Samba 服务器了。Samba 客户机可分为 Linux 客户机和 Windows 客户机。

1．Linux 客户机访问

（1）smbclient 命令

在 Linux 主机上，可以使用 smbclient 程序连接 Samba 服务器上的共享资源。smbclient 是一个类似于 FTP 客户端的软件，其功能实用，操作简单。

1）默认情况下，CentOS 7 安装了 samba-client、cifs-utils 软件。

```
[root@localhost ~]# yum    list    installed|grep    samba-client
[root@localhost ~]# yum    list    installed|grep    cifs-utils
```

2）如果系统还未安装上述软件包，可以通过 yum 源方式安装。

```
[root@localhost ~]# yum    install    -y    samba-client    cifs-utils
```

3）安装完成后，即可通过该工具访问 Samba 服务器，其命令如下。

```
smbclient    -L    //IP 地址或主机名    -U    用户名
```

该命令表示查看 Samba 服务器的共享资源列表。执行的结果是显示 Samba 客户机所属的组、操作系统类型和版本，以及所连接 Samba 服务器的共享资源。

```
[root@localhost ~]# smbclient    -L    //192.168.100.10    -U    bob
Enter SAMBA\bob's password:                            //输入 Samba 用户密码
        Sharename        Type        Comment
        ---------        ----        -------
        share            Disk        share's Directory
        IPC$             IPC         IPC Service (Samba 4.7.1)
Reconnecting with SMB1 for workgroup listing.
        Server                    Comment
        ---------                 -------
        Workgroup                 Master
        ---------                 -------
        SAMBA                     LOCALHOST
```

4）可以看到 share 目录是 Samba 服务器的共享目录，使用 smbclient 连接 share 共享目录，命令如下。

```
[root@localhost ~]# smbclient    //192.168.100.10/share    -U bob%123456
Try "help" to get a list of possible commands.
smb: \> ls                                            //ls 命令查看共享文件
  .                          D        0    Fri Mar 20 18:03:46 2020
  ..                         DR       0    Sat Mar 14 18:13:09 2020
  1.txt                      N        0    Fri Mar 20 09:00:53 2020
                49256964 blocks of size 1024. 44166212 blocks available
smb: \> mkdir 11                                      //在服务器上创建目录
smb: \> ls
  .                          D        0    Fri Mar 20 18:16:14 2020
```

..		DR	0	Sat Mar 14 18:13:09 2020
1.txt		N	0	Fri Mar 20 09:00:53 2020
11		D	0	Fri Mar 20 18:16:14 2020

```
              49256964 blocks of size 1024. 44166212 blocks available
smb: \> get 1.txt /root/1.txt                                //下载服务器上的 1.txt 文件
getting file \1.txt of size 0 as /root/1.txt (0.0 KiloBytes/sec) (average 0.0 KiloBytes/sec)
smb: \> exit                                                 //退出服务器，返回文本界面
```

执行后进入 smb:\>提示符状态，与 FTP 客户端相似，可以使用 get、put 命令下载和上传文件，使用 exit 命令可退出。

（2）使用 mount 命令挂载 Samba 服务器的共享目录

使用 smbclient 命令查询到 Samba 服务器的共享目录后，可以使用 mount 命令挂载 Samba 服务器的共享目录，命令格式如下。

```
mount  -t  cifs  -o  username=用户名，password=口令  //sambaIP 地址/共享目录  本地挂载点
```

1）使用 mount 命令挂载 192.168.100.10 服务器的 share 共享目录。

```
[root@localhost ~]# mkdir   /mnt/samba
[root@localhost ~]# mount -t cifs -o username=bob,password=123456 //192.168.100.10/share /mnt/samba
```

2）挂载成功后，转到本地挂载目录，就可以对共享目录里的文件进行读写操作了。

```
[root@localhost ~]# cd   /mnt/samba
[root@localhos samba]# ls
11   1.txt
[root@ localhos samba]# cp   1.txt   /root/1.txt
```

2．Windows 客户机访问

Windows 客户机在访问 Samba 服务器时不需要进行配置，只需要在"网络"窗口中找到 SAMBA 工作组，在该工作组内能够查看 Samba 服务器。

1）如果在"网络"窗口中找不到，可选择"开始"→"运行"命令，打开命令行窗口，输入\\Samba 服务器名或 IP 地址，或在资源管理器的地址栏中输入\\Samba 服务器名或 IP 地址。按〈Enter〉键后，打开身份验证对话框，输入用户名（如 bob）及相应的 Samba 密码，如图 3-3 所示。

2）按〈Enter〉键后，即可查看 Samba 服务器的共享资源，如图 3-4 所示。

图 3-3　身份验证

图 3-4　共享目录 share

3）双击 share 文件夹后，可对该文件夹的内容做读写操作，如图 3-5 所示。

4）也可以采用映射网络驱动器的方式，将 Samba 服务器的共享目录作为网络驱动器。打开资源管理器，在菜单栏中选择"工具"→"映射网络驱动器"命令，打开"映射网络驱动器"对话框，选择驱动器盘符，输入 Samba 服务器的 IP 地址及共享目录，如\\192.168.100.10\share，单击"完成"按钮，如图 3-6 所示。

图 3-5　读写操作

图 3-6　映射网络驱动器

5）打开"计算机"窗口，可以看到刚才设置的网络驱动器，如图 3-7 所示。网络驱动器的操作方法与本地磁盘驱动器的相同，如图 3-8 所示。

注意：要清空 Windows 中登录 Samba 服务器的缓存，可以在命令行窗口中执行"net use * /del /y"命令。

图 3-7　查看网络驱动器

图 3-8　网络驱动器的操作方法

3.4.7　Samba 服务管理

1．testparm 命令

testparm 命令用来检查主配置文件/etc/samba/smb.conf 是否存在错误。

```
[root@localhost ~]# testparm
Load smb config files from /etc/samba/smb.conf
rlimit_max: increasing rlimit_max (1024) to minimum Windows limit (16384)
Processing section "[share]"
```

```
Loaded services file OK.
Server role: ROLE_STANDALONE
Press enter to see a dump of your service definitions
# Global parameters
[global]
        printcap name = cups
        security = USER
        workgroup = SAMBA
        idmap config * : backend = tdb
        cups options = raw
[share]
        comment = share's Directory
        path = /share
        read only = No
        valid users = @sdcet
        write list = @sdcet
```

以上结果表明 Samba 服务的主配置文件的配置没有问题，Samba 服务器共享了/share 目录。

2．检查 Samba 服务的运行

使用 ps 命令检查 smb、nmb 进程。

```
[root@localhost ~]# ps   -eaf|grep   smb
```

使用 netstat 命令检查 smb、nmb 服务开放的端口。

```
[root@localhost ~]# netstat   -antup|grep   smb
```

3．检查 Samba 服务的状态

smbstatus 命令用来查看 Samba 服务的状态，如显示哪些主机连接到 Samba 服务器，哪些用户正在访问 Samba 服务器的文件等。

```
[root@localhost ~]# smbstatus
```

4．检查网络中 SAMBA 工作组中的共享目录

smbtree 命令用来查找当前网络中和 Samba 服务器处于同一工作组的所有主机的共享目录。

```
[root@localhost ~]# smbtree
SAMBA
    \\LOCALHOST                    Samba 4.7.1
        \\LOCALHOST\IPC$                IPC Service (Samba 4.7.1)
        \\LOCALHOST\share               share's Directory
```

工作任务 9
拓展与提高

3.4.8 拓展与提高

1．Linux 系统开机自动挂载 Samba 服务

与 NFS 服务开机自动挂载相同，Linux 系统开机自动挂载 Samba 服务也需要修改/etc/fstab 文件。使用 vim 编辑器打开该文件，在文件末尾追加一行。

```
[root@localhost ~]# vim   /etc/fstab
```

//192.168.100.10/share　/mnt/samba　cifs　username=bob,password=123456　0　0

2．Linux 客户机访问 Windows 共享资源

在 Linux 系统中使用 smbclient 命令也可以访问 Windows 系统中的共享文件夹，这时 Windows 系统作为 Samba 服务器，而 Linux 系统作为 Samba 客户机。

（1）在 Windows 系统中设置共享文件夹

在 Windows 系统中设置 VMnet8 虚拟网卡的 IP 地址为 192.168.100.1。

1）在 Windows 7 系统（或其他 Windows 系列操作系统）中新建目录，重命名为 sdcet，在文件夹中新建测试文件 123.txt。右击 sdcet 文件夹，选择"属性"命令。在打开的文件夹属性对话框中，选择"共享"选项卡。

2）单击"高级共享"按钮，打开"高级共享"对话框，勾选"共享此文件夹"复选框。设置共享名，默认为文件夹的名称，如图 3-9 所示。

3）单击"权限"按钮，打开文件夹权限对话框。选中用户"Everyone"，然后在"Everyone 的权限"列表框中勾选"完全控制"后的"允许"复选框，如图 3-10 所示。

图 3-9　"高级共享"对话框

图 3-10　设置共享文件夹的权限

（2）在 Linux 系统中连接 Windows 共享文件夹

在 Linux 系统中安装 samba-client-3.6.9-151.el6.i686.rpm 软件包，可参考第 3.4.6 节的相关内容。

1）在 Linux 系统中使用 smbclient 命令查看 Windows 系统（192.168.100.1）的共享资源。

```
[root@localhost ~]# smbclient  -L  //192.168.100.1 -U administrator
Enter SAMBA\administrator's password:                      //输入管理员 administrator 的密码
      Sharename           Type        Comment
      ---------           ----        -------
      IPC$                IPC         远程 IPC
      sdcet               Disk
Reconnecting with SMB1 for workgroup listing.......
```

可以看到 Windows 系统共享了目录"sdcet"。

2）使用 smbclient 命令对 sdcet 共享目录进行操作。

```
[root@localhost ~]# smbclient    //192.168.100.1/sdcet  -U   administrator
Enter SAMBA\administrator's password:            //输入管理员 administrator 的密码
Try "help" to get a list of possible commands.
smb: \> ls                                        //查看 Windows 系统的共享资源
  .                          D        0   Fri Mar 20 11:52:44 2020
  ..                         D        0   Fri Mar 20 11:52:44 2020
  123.txt                    A        0   Fri Mar 20 11:52:41 2020
          26214655 blocks of size 4096. 14776486 blocks available
smb: \> mkdir 1                                   //在 Windows 系统上创建目录
smb: \> ls
  .                          D        0   Fri Mar 20 12:03:59 2020
  ..                         D        0   Fri Mar 20 12:03:59 2020
  1                          D        0   Fri Mar 20 12:03:59 2020
  123.txt                    A        0   Fri Mar 20 11:52:41 2020
          26214655 blocks of size 4096. 14776491 blocks available
smb: \> get 123.txt /root/123.txt                 //将 Windows 系统中的文件下载到本地
getting file \123.txt of size 0 as /root/123.txt (0.0 KiloBytes/sec) (average 0.0 KiloBytes/sec)
smb: \> exit                                      //退出，返回文本界面
```

3）也可以使用 mount 命令，挂载 Windows 系统中的共享文件夹，命令如下。

```
[root@localhost /]# mkdir   /mnt/windows                      //创建挂载点
[root@localhost /]# mount  -t  cifs  //192.168.100.1/sdcet  /mnt/windows  //挂载命令
Password:                                          //匿名访问，直接按〈Enter〉键
[root@localhost /]# cd   /mnt/sd                   //转到挂载目录
[root@localhost sd]# ls                            //使用 ls 命令查看
1   123.txt
```

3.5   本章总结

资源共享是网络最基本的功能，Linux 系统之间资源共享的方式是搭建 NFS 服务，Linux 系统和 Windows 系统之间资源共享的方式是搭建 Samba 服务器。网络管理员要掌握 NFS 服务、Samba 服务的安装、配置与管理的基本工作技能。本章重点内容如下。

1）资源共享的含义。

2）NFS 服务的工作原理。

3）NFS 服务的搭建、管理，NFS 客户机测试。

4）Samba 服务的工作原理。

5）Samba 服务的搭建与管理。

6）Linux、Windows 两种系统的 Samba 客户机测试。

3.6   习题与实训

一、填空题

1. NFS 的全称是_____，实现_____系统之间的资源共享。

2．Samba 服务实现＿＿＿＿＿＿＿系统和＿＿＿＿＿＿＿系统之间的资源共享。

3．NFS 服务依赖＿＿＿＿＿＿＿系统服务。

4．Samba 服务的两个守护进程是＿＿＿＿＿＿＿、＿＿＿＿＿＿＿。

5．Samba 服务主配置文件的路径及名称是＿＿＿＿＿＿＿。

6．Linux 系统中使用＿＿＿＿＿＿＿命令可以访问 Windows 系统中的共享文件夹。

二、选择题

1．NFS 服务器端的主配置文件是＿＿＿＿＿＿＿。

    A．/etc/inetd.conf   B．/etc/services

    C．/etc/exports   D．/etc/nfs.conf

2．使用命令对 NFS 服务器的输出目录进行维护时，输出所有共享目录的命令为＿＿＿＿＿＿＿。

    A．exportfs -a   B．exportfs -r

    C．exportfs -v   D．exportfs -u

3．启动 NFS 服务的命令有＿＿＿＿＿＿＿。

    A．systemctl nfs start   B．systemctl start nfsd

    C．systemctl start nfs   D．/etc/samba/smb start

4．Samba 服务器的功能有哪些？＿＿＿＿＿＿＿

    A．实现在 Windows 系统与 Linux 系统之间传输文件

    B．实现打印机在不同操作系统之间的共享

    C．Windows 系统的用户可登录 Linux 系统的 Samba 服务器

    D．可限制使用共享打印机的用户

5．Samba 服务的主配置文件为＿＿＿＿＿＿＿。

    A．samba.conf   B．samba.ini

    C．smb.conf   D．nmb.conf

6．创建 Samba 服务密码文件的命令为＿＿＿＿＿＿＿。

    A．pdatedit   B．pssword

    C．sambapasswd   D．pdbedit

三、简答题

1．简述 NFS 服务的作用。

2．在/etc/exports 文件中有一行：/nfs/soft   192.168.15.122（rw） *(ro)。请解释各字段的作用。

3．简述使用 Windows 客户机访问 Samba 服务器的方法。

四、实训

1．Linux 系统下 NFS 服务器的配置

实训目的：掌握 Linux 系统中 NFS 服务的安装、启动与停止；掌握 exports 配置文件的操作；掌握用 exports 命令测试 NFS 服务器的方法。

实训环境：网络环境中装有 CentOS 7 操作系统的计算机。

实训步骤：

第 1 步：NFS 规划。

1）将本地文件系统的/home/mp3 目录共享，mary 客户机对该目录具有读写权限，其他

所有用户对该目录具有只读权限。

2）将本地文件系统的/home/vedio 目录共享，192.168.21.100 与 192.168.21.200 两个客户机对该目录具有读写权限，而 192.168.21.0/24 网段内的其他客户机对该目录具有只读权限。

3）将本地文件系统的/home/clould 目录共享，所有的用户对该目录具有读写权限。

第 2 步：NFS 服务的安装和启动。

第 3 步：NFS 服务的配置。

1）创建目录 mp3、vedio、cloud，并修改这 3 个目录的权限。

2）配置/etc/exports 文件。

3）利用 exportfs 命令检测配置。

4）利用 mount 命令在客户机挂载 NFS 服务器的输出目录，并且尝试操作挂载点，检验是否能实现 NFS 共享的特性。

第 4 步：撰写实训报告。

2．Linux 系统下 Samba 服务器的配置

实训目的：掌握 Samba 服务器的主配置文件的设置；掌握 Samba 服务用户的添加及权限设置；掌握 Samba 客户机的应用。

实训环境：操作系统为 CentOS 7 的网络服务器。

实训步骤：

第 1 步：将目录/home/media 设置为允许所有用户访问，但仅允许用户 mary 具有修改该目录的权限。其配置步骤简述如下。

1）添加用户 mary，并将该用户添加到用户认证文件中。创建目录/home/media，并修改该目录的权限。

2）修改主配置文件 smb.conf，将目录/home/media 添加到共享中，并设置该目录的访问权限。

3）重启 Samba 服务，在 Windows 客户机上登录 Samba 服务器。

第 2 步：将目录/var/samba/student 设置为只允许 student 组的成员访问，student 组中有 stu01、stu02……stu05，共 5 个成员。配置步骤简述如下。

1）添加用户 stu01～stu05。

2）添加组 student，并将 stu01～stu05 加入该组中。

3）将用户 stu01～stu05 添加到 Samba 服务器的认证文件中。

4）在/var/samba 下创建目录 student，修改该目录所属的组及读写权限。

5）修改主配置文件 smb.conf，将目录 student 添加到共享中，能访问该目录的有效用户为 student 组。

第 3 步：用 testparm 命令测试主配置文件，并重新启动 Samba 服务。

第 4 步：在 Windows 客户机上登录 Samba 服务器。

第 5 步：撰写实训报告。

第4章 实现域名解析——DNS 服务器

域名解析服务是非常重要的网络服务之一，它提供域名和 IP 地址之间的自动转换，用于将不易记忆的 IP 地址翻译成相对来说易于记忆的域名，从而实现主机之间的互联。域名和 IP 地址之间存在着映射关系，这种地址翻译的过程称为域名解析，提供域名解析服务的网络主机，通常被称为 DNS（域名系统）服务器。

4.1 学习情境设计

4.1.1 学习情境导入

新星公司信息系统中部署了对外宣传的 Web 站点，也部署了 B/S 结构的办公自动化（Office Automation，OA）系统。起初，访问 Web 站点需要在浏览器地址栏里输入 Web 服务器的 IP 地址，但 IP 地址不方便记忆，因 IP 地址输错往往导致无法正确访问 Web 服务器。

新星公司网络中心决定向中国互联网络信息中心（China Internet Network Information Center，CNNIC）申请属于自己的域名 sdcet.cn，用于这些 Web 服务器的主机解析，以取代以往 IP 地址的访问方式。从新星公司目前情况及未来的发展需求来看，需要解析的主机有 www、ftp、oa、邮件服务器 mail 等。

4.1.2 教学导航

通过本章的学习与实训，读者可以掌握 Linux、Windows Server 两大主流操作系统平台 DNS 服务器的搭建、管理与维护技能。教学导航如表 4-1 所示。

表 4-1　教学导航

章节重点	1）DNS 服务的工作原理，正向解析与反向解析的含义； 2）DNS 服务的正向解析区域与反向解析区域，SOA 记录、NS 记录、主机 A 记录、邮件交换记录、指针记录等； 3）DNS 客户机的配置与测试
章节难点	DNS 服务的工作原理，正向解析区域与反向解析区域，SOA 记录、NS 记录、主机 A 记录、邮件交换记录、指针记录等
技能目标	1）能够完成 Linux 中 DNS 服务器搭建、管理与测试任务； 2）能够完成 Windows Server 中 DNS 服务器搭建、管理与测试任务
知识目标	1）了解 DNS 服务的工作原理，正向解析、反向解析的基本概念； 2）掌握 Linux、Windows Server 中搭建、配置 DNS 服务器的方法
建议学习方法	通过教师的课堂演示，在 Linux、Windows Server 操作系统下动手搭建 DNS 服务器，实现域名解析服务。在 Linux、Windows Server 平台下正确设置 DNS 客户机并进行测试

4.2 基础知识

4.2.1 DNS 服务简介

为了便于记忆，计算机用户通常使用主机名访问网络中的主机，然而计算机系统不能直接识别主机名，因此需要一种将主机名转换为 IP 地址的机制。操作系统中可以使用 hosts 文件实现 IP 地址和主机名之间的翻译，如 Linux 系统中使用/etc/hosts 文件、Windows Server 系统中使用%SystemRoot%\system32\drivers\etc\hosts 文件。当一台主机需要定位网络中的另一台主机时，就查看 hosts 文件，若有此计算机的表项，就用其 IP 地址进行通信；若找不到相关表项，则说明此计算机不存在。

随着网络的飞速发展，各类网络的数量及主机的数量都在不断增加，仅仅依靠 hosts 文件来实现主机名和 IP 地址之间的翻译已经无法适应需求，于是出现了能够实现自动转换的 DNS。DNS 基于客户机/服务器模式设计。在网络中将一台主机作为 DNS 服务器，当客户机要用域名定位另一台计算机时，就会给 DNS 服务器发送请求，由 DNS 服务器负责查找并完成由域名到 IP 地址的映射，然后将 IP 地址发送回客户机。整个过程不需要用户参与。DNS 的出现满足了网络域名翻译的需求，而且 DNS 采用了分布式数据库系统，不再依赖大规模的 IP 地址映射表（hosts），因而网络运行可靠性高、可扩展性强，适用于各类网络。

4.2.2　DNS 简介

DNS 由不同的域名空间构成。域名空间的结构如同一棵倒置的"树"，层次结构非常清晰，如图 4-1 所示。

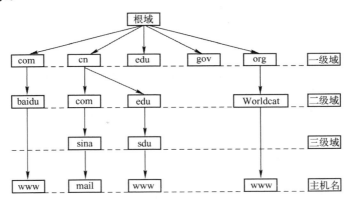

图 4-1　DNS 树形结构

根域用"."表示，位于顶部，通常称为根域名服务器（root server），用于为国家和地区间的网络提供查询服务。IPv4 根域名服务器共 13 台，10 台在美国，2 台在欧洲，1 台在日本。IPv6 根域名服务器共 25 台，中国将部署 4 台 IPv6 根域名服务器。

根域下面是一级域，也称为顶级域，通常可以分为行业顶级域名和国家（地区）顶级域名两大类。随着网络技术应用的不断扩展，行业顶级域名和国家（地区）顶级域名也在不断增加。常见的行业顶级域名有 com（表示企业机构）、edu（表示教育机构）、gov（表示政府部门）、net（表示互联网服务机构）、org（表示各种非营利性组织）、mil（表示军事组织）等。常见的国家（地区）顶级域名有 cn（表示中国大陆地区）、us（表示美国）、kr（表示韩国）等。

对于顶级域的下级域（二级域），互联网域名注册授权机构授权给互联网中的各种组织及各个国家（地区）的域名注册授权机构管理。当一个组织（或者国家、地区）获得了对某个顶级域名的授权之后，就负责命名所分配的域及其子域。如百度公司向 com 管理机构申请 baidu 二级域名，中国互联网络信息中心则管理 cn 顶级域名下的 com、edu、gov 等二级域名等。

4.2.3　DNS 工作原理

在各个域中的 DNS 服务器构成了分布式的域名数据库系统。在各级 DNS 服务器中保存了相应域的计算机域名和 IP 地址信息。DNS 服务器采用客户机/服务器模式进行域名与 IP 地址的转换。如果想通过域名来访问某台计算机，则访问者的计算机必须通过查询域中的 DNS 服务器，得知被访问计算机的 IP 地址，这样才能实现访问。对于 DNS 服务器来说，访问者的计算机称为 DNS 客户机。

DNS 客户机向 DNS 服务器提出查询，DNS 服务器在 TCP/UDP 53 端口监听并做出响应。

1．正向解析与反向解析

当 DNS 客户机向 DNS 服务器提交域名查询 IP 地址，或 DNS 服务器向另一台 DNS 服务器提交域名查询 IP 地址，DNS 服务器做出响应的过程称为正向解析。反之，当 DNS 客户机向 DNS 服务器提交 IP 地址查询域名，或 DNS 服务器向另一台 DNS 服务器提交 IP 地址查询域名，DNS 服务器做出响应的过程称为反向解析。

2．递归查询与迭代查询

（1）递归查询

常见的 DNS 查询类型是递归查询。收到 DNS 客户机的查询请求后，DNS 服务器在自己的缓存或区域数据库中查找，如找到，则返回结果；如找不到，DNS 服务器指向转发器定义的其他 DNS 服务器进行查询，最终将查询结果返回给 DNS 客户机。递归查询的过程如图 4-2 所示。

图 4-2　递归查询

（2）迭代查询

在迭代查询中，DNS 服务器返回客户机最优的信息。DNS 服务器收到 DNS 客户机的查询请求后，先在本地数据库中查找，若查到请求的 IP 地址或域名，即向 DNS 客户机发出应答信息（这相当于一次递归查询）。若没有查到，则本地 DNS 将请求发给根域 DNS 服务器，依序从根域查到顶级域，从顶级域查到二级域，再从二级域查到三级域，以此类推，直至找到要解析的 IP 地址或域名，然后向 DNS 客户机所在网络的 DNS 服务器发出应答信息，DNS 服务器收到信息后转发给 DNS 客户机。如果最终都没有找到所需的信息，则向 DNS 客户机返回错误信息。迭代查询的过程如图 4-3 所示。

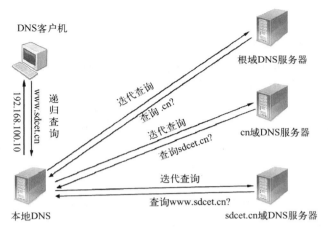

图 4-3　迭代查询

3．DNS 服务器的类型

DNS 服务器的类型可以分为 3 种。

（1）主域名服务器（Primary、Master）

主域名服务器负责维护域中的域名服务信息，管理员需要配置正向解析文件、反向解析文件等相关信息，本身具有向 DNS 客户机提供域名解析服务的功能。主域名服务器是域中的权威信息源，包含该域最精确的域结构信息。因而，主域名服务器是一种权威性服务器，它以绝对的权威去回答对该域的任何查询。同时，主域名服务器还向辅助域名服务器提供数据更新服务。

（2）辅助域名服务器（Secondary、Slave）

为了保证为 DNS 客户机提供稳定可靠的 DNS 服务，DNS 至少会提供两台 DNS 主机，其中一台是主域名服务器，其余为辅助域名服务器。辅助域名服务器不需要配置正向解析与反向解析的数据库文件，辅助域名服务器的正向解析与反向解析数据库是从主域名服务器复制得来的，这样也保证了与主域名服务器数据的同步。辅助域名服务器的作用是分担主域名服务器的查询负担，保证 DNS 服务的稳定性和可靠性。

（3）高速缓存域名服务器（Caching）

高速缓存域名服务器不配置域名解析数据库文件，也不从主域名服务器同步其数据库信息。当本地 DNS 客户机有查询请求时，高速缓存域名服务器会向某个远程 DNS 服务器转发查询请求。当远程 DNS 服务器有结果返回，高速缓存域名服务器会将结果保存在自己的缓存中，同时将查询结果返给 DNS 客户机。以后本地 DNS 客户机再次查询相同的信息时，高速缓存域名服务器会以自己缓存中的信息回答本地 DNS 客户机，而不是向远程 DNS 服务器再次查询。高速缓存域名服务器不是权威性服务器，它所提供的所有信息都是间接信息。

4.3　工作任务 10——Linux 中 DNS 服务器的搭建

BIND 是一个被广泛使用的 DNS 服务器软件，它提供了强大及稳定的域名解析服务，因此互联网上有近九成的 DNS 服务器使用的是 BIND。

4.3.1 任务目的

工作任务 10

新星公司建设了对外宣传的 Web 网站，信息系统中也有自己专属的邮件系统、办公自动化等系统。访问这些服务器就需要 DNS 服务的支持，通过 DNS 服务的解析，就可以用简洁好记的域名方便地访问这些服务器了。

新星公司向中国互联网络信息中心申请了属于自己的域名 sdcet.cn，在 Linux 系统中搭建 DNS 服务解析 sdcet.cn 域内主机。

4.3.2 任务规划

新星公司信息系统的 IP 地址在 192.168.100.0/24 网段，规划 DNS 服务器的 IP 地址为 192.168.100.10，服务器平台采用 CentOS 7 系统，解析 sdcet.cn 域中的 www、ftp、oa 等主机，以及 mail 邮件交换主机。要求 www.sdcet.cn 解析到 192.168.100.10，mail.sdcet.cn 解析到 192.168.100.100，ftp.sdcet.cn 解析到 192.168.100.101，oa.sdcet.cn 解析到 192.168.100.200。在浏览器地址栏中输入 web.sdcet.cn，能够与输入 www.sdcet.cn 一样浏览公司网站。对于给定的 IP 地址，能够反向解析其对应的主机。

4.3.3 DNS 服务的安装与启动

1．DNS 服务的安装

安装 DNS 服务之前，为服务器配置静态 IP 地址 192.168.100.10，DNS 地址为 192.168.100.10，配置好 yum 源。关闭防火墙，关闭 SELinux。

在 CentOS 7 系统中安装 DNS 服务可以通过系统自带的软件包进行，也可以从 www.isc.org 上获取 DNS 软件包，DNS 服务的守护进程为 named。用户可在终端执行以下命令，查看系统是否已经安装 DNS 软件包。

```
[root@localhost ~]# yum    list    installed|grep    bind
```

如果 BIND 软件包尚未安装，使用 yum 命令安装。

```
[root@localhost ~]# yum    install    -y    bind
```

2．DNS 服务的启动

安装 BIND 软件包后，就可以启动 named 服务了，但这时 DNS 服务没有任何解析任务。

1）启动 named 服务。

```
[root@localhost ~]# systemctl    start    named
```

2）设置 named 服务开机自启动。

```
[root@localhost ~]# systemctl    enable    named
```

4.3.4 认识 named 服务的模板文件

安装 BIND 软件包后，系统会生成 named 服务的配置文件模板，这些文件包括/etc/named.conf、/etc/named.rfc1912.zones、/var/named/named.ca、/var/named/named.localhost 等。

1. /etc/named.conf

named.conf 是 named 服务的主配置文件，可以使用 vim 编辑器打开。

[root@localhost ~]# vim   /etc/named.conf

其内容如下。

```
options {
        listen-on port 53 { 127.0.0.1; };
        listen-on-v6 port 53 { ::1; };
        directory    "/var/named";
        dump-file   "/var/named/data/cache_dump.db";
            statistics-file "/var/named/data/named_stats.txt";
            memstatistics-file "/var/named/data/named_mem_stats.txt";
        allow-query      { localhost; };
        recursion yes;
        dnssec-enable yes;
        dnssec-validation yes;
        bindkeys-file "/etc/named.iscdlv.key";
        managed-keys-directory "/var/named/dynamic";
pid-file "/run/named/named.pid";
        session-keyfile "/run/named/session.key";
};
logging {
            channel default_debug {
                    file "data/named.run";
                    severity dynamic;
            };
};
zone "." IN {
        type hint;
        file "named.ca";
};
include "/etc/named.rfc1912.zones";
include "/etc/named.root.key";
```

主配置文件 named.conf 由 options、logging、zone "."及两个 include 语句组成。

（1）options 全局选项

named.conf 由 options 定义全局选项，部分全局选项的介绍如下。

● listen-on 定义 IPv4 网络监听 IP 地址及端口。

● listen-on-v6 port 定义 IPv6 网络监听 IP 地址及端口。

● directory 定义区域数据库文件的保存位置。

● dump-file 设置 dump 缓存文件。

● statistics-file 设置 bind 服务器状态文件。

● memstatistics-file 设置 bind 服务器内存状态文件。

● allow-query 设置 DNS 客户机的 IP 地址范围，any 为网络中所有的计算机。

- recursion 设置是否允许递归查询。

（2）logging 日志配置

channel default_debug 配置日志通道。

（3）zone "."配置根区域

- type 定义根服务器的类型。只有根服务器的类型是 hint，含义为交给根域名服务器。
- file 定义根区域的区域文件为 named.ca，文件的位置为/var/named/named.ca。

（4）include 语句

include 语句表示把之后的另一个文件的内容包含进来，如 include "/etc/named.rfc1912.zones"，其含义就是把/etc/named.rfc1912.zones 文件的内容包含到主配置文件/etc/named.conf 中。使用 include 语句的好处在于使主配置文件简洁明了、一目了然，同时对于区域的设置，放到单独的文件中便于管理。

2．/etc/named.rfc1912.zones

主配置文件 named.conf 中有一条 include 语句 include "/etc/named.rfc1912.zones"，因此，named.rfc1912.zones 文件可以看作 named 服务的扩展配置文件。要解析某个域名，就要在这个文件中添加相应的区域。

使用 vim 编辑器打开 named.rfc1912.zones 文件。

```
[root@localhost ~]# vim    /etc/named.rfc1912.zones
```

其内容如下。

```
zone "localhost.localdomain" IN {
        type master;
        file "named.localhost";
        allow-update { none; };
};
zone "localhost" IN {
……
};
zone "1.0.0.0.0.0.0.0.0.0.0.0.0.0.0.0.0.0.0.0.0.0.0.0.0.0.0.0.0.0.0.0.ip6.arpa" IN {
……
};
zone "1.0.0.127.in-addr.arpa" IN {
……
};
zone "0.in-addr.arpa" IN {
        type master;
        file "named.empty";
        allow-update { none; };
};
```

在 named. rfc1912.zones 文件中，系统默认定义了 5 个区域：zone "localhost.localdomain" 本地域名正向区域、zone "localhost"本地主机正向区域、zone "1.0.0.0.0.0.0.0.0.0.0.0.0.0.0.0.0.0.0.0.0.0.0.0.0.0.0.0.0.ip6.arpa"IPv6 反向区域、zone "1.0.0.127.in-addr.arpa"本地反向区域、zone "0.in-addr.arpa"零区域。

正向区域 zone "localhost.localdomain"的命名，一般引号内要写需要解析的域名。反向区域 zone "1.0.0.127.in-addr.arpa"的命名，网络号一定要反序写出，并且".in-addr.arpa"是固定后缀格式。

type 定义一个区域服务器的类型，类型分为 master（主域名服务器）、slave（辅助域名服务器）、hint（根服务器特有类型）等。

file 指定一个区域的域信息源数据库信息文件名，"named.localhost"是该区域的正向解析文件，"named.empty"是该区域的反向解析文件。正向解析文件名称、反向解析文件名称在实际域名解析时，可以自定义其名称，但一定要和/var/named 目录下的文件名保持一致。如果没有相应的解析文件，需要使用"cp -p"命令复制 named.localhost 模板文件并更名为自己的解析文件。cp 命令的选项-p 是为了保证复制过程中文件属性不会发生变化。

allow-update 设置该 BIND 服务器是否允许动态更新。

3．/var/named/named.ca

在主配置文件/etc/named.conf 中定义了根区域，根区域文件为/var/named/named.ca。最新的 named.ca 文件记录了全球 13 台根服务器的 IP 地址。

BIND 软件自带 named.ca 文件，也可以匿名方式登录ftp://ftp.rs.internic.net/domain/named.root，将该文件下载到/var/named 目录中，并把文件名改为 named.ca。

当前 named.ca 文件的内容如下。

```
; last update:          February 20, 2020              //该文件的最新更新日期
; related version of root zone:    2020022000          //该文件版本号
.                      3600000      NS    A.ROOT-SERVERS.NET.
A.ROOT-SERVERS.NET.    3600000      A     198.41.0.4
A.ROOT-SERVERS.NET.    3600000      AAAA  2001:503:ba3e::2:30
#以上倒数第三行的第一行的"."表示根服务器，含义为根服务器由 A.ROOT-SERVERS.NET.来
管理。
#倒数第二行给出 A.ROOT-SERVERS.NET.服务器的 IPv4 地址
#倒数第三行给出 A.ROOT-SERVERS.NET.服务器的 IPv6 地址
……
```

4．正向解析文件模板、反向解析文件模板

/var/named/named.localhost、/var/named/named.loopback 可以分别看作正向解析文件模板、反向解析文件模板。

一个 DNS 解析文件中包含了该区域的所有相关数据，包括主机名、IP 地址、刷新时间和过期时间等信息。一台 DNS 服务器中可以包含多个区域文件，同一个区域文件也可以存储在多台 DNS 服务器中。区域文件按 DNS 资源记录（Resource Record，RR）格式进行组织，由多条 DNS 资源记录组成。一条 DNS 资源记录的格式如下。

[name] [TTL] addr-class record-type record-specific-data

其中，name 字段是域记录的名称，一般用符号"@"表示。通常只有第一条 DNS 资源记录被设置为 name。区域文件中的其他资源记录的 name 字段必须为空。TTL 字段是一个可变的 Time to Live（即生存周期），定义了数据在数据库中存储的时间，该字段为空表示默认的生存周期时间将由授权开始记录（Start of Authority，SOA）所指定。addr-class 字段表示地址类型，对于 Internet 地址来说，地址类型应该为"IN"（Internet）。record-type

字段表示记录类型，不同记录类型对应不同类型的主机和域名服务器，常用资源记录类型如表 4-2 所示。

表 4-2　常用资源记录类型

类　型	说　　　明
SOA	授权开始记录，在区域文件第一条记录中指定，表明之后所有记录都是本域授权
NS	引用域名服务器
MX	邮件交换器资源记录，指向一个邮件服务器
A	映射主机名到 IP 地址
CNAME	别名资源记录，将多个名称映射到同一台计算机上
PTR	指针记录，映射 IP 地址到主机名

使用 vim 编辑器打开 named. localhost 文件。

[root@localhost ~]# vim 　/var/named/named. localhost

其内容如下。

```
$TTL 1D
@        IN SOA    @ rname.invalid. (
                                    0          ; serial
                                    1D         ; refresh
                                    1H         ; retry
                                    1W         ; expire
                                    3H )       ; minimum
         NS        @
         A         127.0.0.1
         AAAA      ::1
```

正向解析文件模板的第 1 行$TTL 定义数据库文件的生存周期，默认单位是秒。H 表示小时，D 表示天，W 表示周等。

第 2 行至第 7 行设置起始授权机构 SOA 记录。其中，第 1 个@表示域名，定义当前 SOA 所管辖的域名；一般情况下，第 1 个@用域名替代，如"sdcet.cn"。IN 代表类型是 Internet，这个格式是固定的，不可改变。第 2 个@表示负责该区域的授权主机，这样才知道谁管理这个区域；因此，这个@往往用本地 DNS 主机名代替，如 dns.sdcet.cn。"rname.invalid."表示负责该主机的管理员邮箱，第 1 个点表示邮箱地址中的@，第 2 个点表示根。

SOA 记录中，第 1 个选项（serial）用于设置序列号，序列号用来标识该区域的数据是否有更新。当辅助域名服务器与主域名服务器进行数据同步时，就会比较这个值。如果数值不同，辅助域名服务器就进行数据同步，否则放弃同步操作。

第 2 个选项（refresh）定义更新间隔时间，即辅助域名服务器每隔多长时间与主域名服务器进行一次数据同步操作。

第 3 个选项（retry）定义重试时间，即辅助域名服务器在更新间隔时间到期后，无法与主域名服务器取得联系时，重试数据同步操作的时间间隔。一般来说，重试时间要小于更新间隔时间。

第 4 个选项（expire）定义过期时间，即超过这个时间，辅助域名服务器仍不能和主域名服务器取得联系时，相应的记录失效。

第 5 个选项（minimum）定义 SOA 记录 TTL 最小值。

第 8 行定义 NS 记录。NS 记录定义哪个 DNS 服务器负责解析，所以 NS 资源记录中的服务器为权威域名服务器。通常 NS 后边的@要替换成 DNS 服务器的主机名，如 dns.sdcet.cn。

第 9 行是一个简单的 IPv4 主机 A 记录。

第 10 行是一个简单的 IPv6 主机 A 记录。

反向解析文件模板/var/named/named.loopback 与正向解析文件模板类似，不同的是反向解析文件模板中存在 PTR 记录，即由 IP 地址到主机名映射的记录。

4.3.5　配置主配置文件 named.conf

使用 vim 编辑器打开主配置文件 named.conf。

[root@localhost ~]# vim　/etc/named.conf

主配置文件 named.conf 中，需要修改的参数有以下两个。

listen-on port 53 将大括号内的监听 IP 地址修改为当前主机的 IP 地址。

listen-on port 53 { 192.168.100.10; };

allow-query 将大括号内的参数修改为 any，即允许网络中所有的主机通过本 DNS 服务器查询。

allow-query { any; };

修改完毕，保存退出。

4.3.6　配置扩展配置文件 named.rfc1912.zones

下面在 named.rfc1912.zones 文件中配置域名 sdcet.cn 的正向区域、反向区域。使用 vim 编辑器打开/etc/named.rfc1912.zones 文件。

[root@localhost ~]# vim　/etc/named.rfc1912.zones

在文件的末尾增加一个正向区域、一个反向区域，然后保存退出。

```
zone "sdcet.cn" IN {
        type master;
        file "sdcet.cn.zone";
        allow-update { none; };
};
zone "100.168.192.in-addr.arpa" IN {
        type master;
        file "100.168.192.zone";
        allow-update { none; };
};
```

正向区域以域名命名，如 zone "sdcet.cn"。反向区域以 zone "100.168.192.in-addr.arpa"的

格式命名，网络号一定要反序写出，并且".in-addr.arpa"是固定后缀格式。此处应严格按照区域的命名方式书写，不能随意。

type 的类型设置为 master，即主 DNS 服务器。

file 文件名可自己命名，但一定要和/var/named 目录下的解析文件相对应。

4.3.7 配置正向解析文件 sdcet.cn.zone

在扩展配置文件 named.rfc1912.zones 中，定义了正向区域"sdcet.cn"，该区域对应的正向解析文件为/var/named/sdcet.cn.zone。该文件是不存在的，可以将正向解析文件模板复制、改名成 sdcet.cn.zone。

```
[root@localhost ~]# cp  -p  /var/named/named.localhost  /var/named/sdcet.cn.zone
```

使用 vim 编辑器打开 sdcet.cn.zone 文件，并按照以下内容修改该正向解析文件。

```
[root@localhost ~]# vim  /var/named/sdcet.cn.zone
$TTL 1D
@          IN SOA  dns.sdcet.cn.  admin.sdcet.cn. (
                                        0          ; serial
                                        1D         ; refresh
                                        1H         ; retry
                                        1W          ; expire
                                        3H )        ; minimum
           IN NS       dns.sdcet.cn.
           IN MX   5   mail.sdcet.cn.
dns   IN A        192.168.100.10
www IN A         192.168.100.10
mail   IN A        192.168.100.100
ftp    IN A       192.168.100.101
oa     IN A       192.168.100.200
web   IN CNAME    www
```

注意，完整域名后边的"."表示根，不能省略。

4.3.8 配置反向解析文件 100.168.192.zone

在扩展配置文件 named.rfc1912.zones 中，定义了反向区域"100.168.192.in-addr.arpa"，该区域对应的反向解析文件为/var/named/100.168.192.zone。该文件是不存在的，可以将反向解析文件模板复制、改名成 100.168.192.zone。

```
[root@localhost ~]# cp   -p  /var/named/named.loopback  /var/named/100.168.192.zone
```

使用 vim 编辑器打开 100.168.192.zone 文件，并按照以下内容修改该反向解析文件。

```
[root@localhost ~]# vim  /var/named/100.168.192.zone
$TTL 1D
@          IN SOA  dns.sdcet.cn.  admin.sdcet.cn. (
                                        0          ; serial
                                        1D         ; refresh
```

```
                                      1H          ; retry
                                      1W          ; expire
                                      3H )        ; minimum
        IN NS        dns.sdcet.cn.
10      IN PTR       dns.sdcet.cn.
10      IN PTR       www.sdcet.cn.
100     IN PTR       mail.sdcet.cn.
101     IN PTR       ftp.sdcet.cn.
200     IN PTR       oa.sdcet.cn.
```

DNS 服务配置完成之后，重启服务使配置生效。

```
[root@localhost ~]# systemctl   restart   named
```

4.3.9 客户机配置

修改/etc/resolv.conf 文件，配置客户机 DNS 服务器的 IP 地址。

```
[root@localhost ~]# vim   /etc/resolv.conf
nameserver   192.168.100.10
domain   sdcet.cn
search   sdcet.cn
```

4.3.10 DNS 服务测试

1．ping 命令

直接使用 ping 命令测试某一域名，如果 DNS 服务器正常工作，将自动对其进行解析并返回测试结果。例如：

```
[root@localhost ~]# ping   www.sdcet.cn
PING www.sdcet.cn (192.168.100.10) 56(84) bytes of data.
64 bytes from www.sdcet.cn (192.168.100.10): icmp_seq=1 ttl=64 time=0.800 ms
^C
```

2．host 命令

使用 host 命令测试正向解析。

```
[root@localhost ~]# host www.sdcet.cn
www.sdcet.cn has address 192.168.100.10
```

使用 host 命令测试反向解析。

```
[root@localhost ~]# host 192.168.100.10
10.100.168.192.in-addr.arpa domain name pointer www.sdcet.cn.
10.100.168.192.in-addr.arpa domain name pointer dns.sdcet.cn.
```

3．nslookup 命令

nslookup 是用来查询域名信息的命令，既可由域名查询 IP 地址，又可由 IP 地址查询域名。其使用分为交互模式和非交互模式两种方式。交互模式就是直接运行 nslookup 命令，然后在 ">" 提示符下输入域名或 IP 地址；而非交互模式还需加上待查询的域名或 IP 地址，如 nslookup www.sdcet.cn、nslookup 192.168.100.10。

若用 nslookup 命令查询时出现"Non-authoritative answer："，则表明这次并没有到网络外去查询，而是在缓存区中查找并找到数据。例如：

```
[root@localhost ~]# nslookup
> www.sdcet.cn
Server:    192.168.100.10
Address:    192.168.100.10#53
Name:    www.sdcet.cn
Address: 192.168.100.10
> 192.168.100.10
Server:    192.168.100.10
Address:    192.168.100.10#53
10.100.168.192.in-addr.arpa   name = www.sdcet.cn.
10.100.168.192.in-addr.arpa   name = dns.sdcet.cn.
> set type=MX
> sdcet.cn
Server:    192.168.100.10
Address:    192.168.100.10#53
sdcet.cn        mail exchanger = 5 mail.sdcet.cn.
> exit
```

4.3.11 DNS 服务的管理

1．named-checkconf 命令

named-checkconf 命令用来检查 bind 主配置文件 named.conf 是否存在错误。

```
[root@localhost ~]# named-checkconf   /etc/named.conf
```

如果主配置文件 named.conf 没有错误，则不返回任何信息。如果存在错误，则会提示错误信息。

2．named-checkzone 命令

named-checkzone 命令用来检查正向解析文件、反向解析文件是否存在错误，格式如下。

```
named-checkzone   区域名   解析文件名
```

例如，检查正向解析文件的方法如下。

```
[root@localhost ~]# named-checkzone   sdcet.cn   /var/named/sdcet.cn.zone
zone sdcet.cn/IN: loaded serial 0
OK
```

3．检查 DNS 服务的运行

使用 ps 命令检查 named 进程。

```
[root@localhost ~]# ps   -ef|grep   named
```

使用 netstat 命令检查 named 服务开放的端口。

```
[root@localhost ~]# netstat   -nutap|grep   named
```

4．查看日志/var/log/messages

DNS 服务启动信息会记入系统日志，当配置出现错误的时候，可以通过查看系统日志获取相应错误信息。系统日志文件是/var/log/messages。

```
[root@localhost ~]#systemctl  restart  named
[root@localhost ~]#cat  -n  30  /var/log/messages|grep  named
```

4.3.12 拓展与提高

1．hosts 文件

网络中客户机通过完整的合格域名和对方通信的时候，首先查找/etc/hosts 文件。如果hosts 文件中有该主机的记录，则按照记录中记载的 IP 地址和对方通信；如果 hosts 文件中没有相应记录，则向本地 DNS 服务器发送查询请求。Hosts 文件非常重要，如 12306 网站抢票工具的秘诀之一就是通过修改 hosts 文件，在其中添加一条 www.12306.cn 记录，将其指向12306 网站向境外用户开放的 IP 地址。再如，黑客通过修改 hosts 文件的记录，将某网站的IP 地址指向钓鱼网站。

1）在第 4.3.11 节中，解析 www.sdcet.cn 使用 ping 命令。

```
[root@localhost ~]# ping   www.sdcet.cn
PING www.sdcet.cn (192.168.100.10) 56(84) bytes of data.
```

2）修改/etc/hosts 文件，增加一条记录。

```
[root@localhost ~] # vim   /etc/hosts
192.168.100.100    www.sdcet.cn
```

3）再次使用 ping 命令。

```
[root@localhost ~]# ping   www.sdcet.cn
PING www.sdcet.cn (192.168.100.100) 56(84) bytes of data.
......
```

可以发现，虽然 ping 的是同一主机名，但 ping 的是不同的目的 IP 地址。

2．DNS 轮询

现在的网络规模越来越大，网络应用服务器的负担也变得越来越重。一台应用服务器同时要应对成千上万的并发访问，必然会导致效率降低、响应时间变慢的结果。通过在 DNS服务器中为同一个应用服务器解析多个 IP 地址，将客户机对应用服务器的访问引导到不同的计算机上，可以达到负载均衡的目的。

例如，将 www.sdcet.cn 解析到 3 台对应的 Web 服务器，通过在 DNS 服务器上配置域名负载均衡，随机进行域名解析，可将客户机的访问随机分配到 3 台 Web 服务器上。

1）在第 4.3.7 节的正向解析文件中，主机 A 记录部分添加以下内容。

```
www      IN   A        192.168.100.10
www      IN   A        192.168.100.11
www      IN   A        192.168.100.12
```

2）重启 DNS 服务器，在一台客户机上使用 ping 命令测试。

```
[root@localhost ~]# ping www.sdcet.cn
```

工作任务 10
拓展与提高

PING www.sdcet.cn (192.168.100.10) 56(84) bytes of data.

3）在另一台客户机上测试。

[root@localhost ~]# ping www.sdcet.cn
PING www.sdcet.cn (192.168.100.12) 56(84) bytes of data.

3. 实现泛域名解析

有时用户访问某些网站，可能会出现写错主机名的情况，如在浏览器地址栏输入了www1.sdcet.cn。由于没有解析 www1 主机，会导致用户无法访问网站。此时，可以用泛域名解析解决这个问题。泛域名解析是指一个域名下的所有主机都被解析到同一个 IP 地址。

在第 4.3.7 节的正向解析文件中，主机 A 记录部分添加以下内容。

```
*        IN   A      192.168.100.10                    //实现泛域名解析
```

重启 DNS 服务器，使用 host 命令测试。

[root@localhost ~]# host   www.sdcet.cn
www.sdcet.cn has address 192.168.100.10
[root@localhost ~]# host   ftp.sdcet.cn
ftp.sdcet.cn has address 192.168.100.10

4. 实现直接解析域名

有时用户在访问网站的时候，在浏览器地址栏不愿意输入完整的域名 www.sdcet.cn，而直接输入 sdcet.cn 来访问。在 DNS 服务器上直接解析域名可以实现这一功能。

在第 4.3.7 节的正向解析文件中，主机 A 记录部分添加以下内容。

```
@        IN   A      192.168.100.10                    //实现直接解析
```

重启 DNS 服务器，使用 host 命令测试。

[root@localhost ~]# host   sdcet.cn
sdcet.cn has address 192.168.100.10

5. 配置 DNS 转发器

某单位信息系统相对较大，系统中主机的 DNS 地址指向了外部的 DNS 服务器，而且单位也没有自己的域名，不需要解析域名或 IP 地址。这时，系统内的主机要和外部主机通信，往往向外部的 DNS 服务器发送查询请求，从而导致查询速度相对较慢，影响了通信速度。这种情况下，就可以考虑在单位信息系统中设置 DNS 转发器，DNS 转发器可作为高速缓存域名服务器来使用。

DNS 转发器由于不承担解析任务，所以不需要设置正向区域、反向区域，也不需要配置正向解析文件、反向解析文件。客户机的查询请求由 DNS 转发器转发给流量较大的 DNS 服务器进行查询。因此，DNS 转发器往往也不需要根查询，即不需要"."区域。

对于 DNS 转发器，只需要配置/etc/named.conf 文件就足够了。

使用 vim 编辑器打开主配置文件 named.conf。

[root@localhost ~]# vim   /etc/named.conf

在"recursion yes;"行下增加以下内容。修改完成之后重启 named 服务。

```
forward only;                                    //设置仅转发
forwarders {                                     //设置转发器
202.102.128.68;                                  //设置 202.102.128.68 为上层 DNS
};
```

6. 配置主、辅域名服务器

DNS 是网络中非常重要的服务，一般来说，网络中要部署两台或两台以上的 DNS 服务器来保证网络可靠、稳定运行。当主域名服务器负载超过一定限额时，就应该使用辅助域名服务器，以缓解主域名服务器的运行压力。当主域名服务器出现故障或死机时，辅助域名服务器还可以提供主域名服务器的功能。

某大型网络申请域名 sdcet.cn，规划设置两台 DNS 服务器。一台为主域名服务器（master），另一台为辅助域名服务器（slave）。主域名服务器的主机名为 master.sdcet.cn，IP 地址为 192.168.100.10；辅助域名服务器的主机名为 slave.sdcet.cn，IP 地址为 192.168.100.20。主、辅域名服务器配置过程如下。

（1）主域名服务器配置

主域名服务器配置步骤如下。

1）配置静态 IP 地址 192.168.100.10。

2）配置主配置文件/etc/named.conf，参考第 4.3.5 节内容。

3）编辑扩展配置文件/etc/named.rfc1912.zones，按以下内容配置。

```
root@localhost ~]# vim   /etc/named.rfc1912.zones
zone "sdcet.cn" IN {
        type master;
        file "sdcet.cn.zone";
        allow-transfer { 192.168.100.20; };        //设置 slave 服务器的 IP 地址
        };
zone "100.168.192.in-addr.arpa" IN {
        type master;
        file "100.168.192.zone";
        allow-transfer { 192.168.100.20; };        //设置 slave 服务器的 IP 地址
        };
```

4）编辑正向解析文件/var/named/sdcet.cn.zone，按以下内容配置。

```
[root@localhost ~]# vim   /var/named/sdcet.cn.zone
$TTL 1D
@          IN SOA   master.sdcet.cn.   admin.sdcet.cn. (
                                        0          ; serial
                                        1D         ; refresh
                                        1H         ; retry
                                        1W         ; expire
                                        3H )       ; minimum

          IN   NS      master.sdcet.cn.
          IN   NS      slave.sdcet.cn.
master    IN   A       192.168.100.10
slave     IN   A       192.168.100.20
```

```
www        IN   A          192.168.100.10
```

5）编辑反向解析文件/var/named/100.168.192.sdcet，按以下内容配置。

```
[root@localhost ~]# vim   /var/named/100.168.192.zone
$TTL 1D
@          IN SOA   master.sdcet.cn.   admin.sdcet.cn. (
                                        0          ; serial
                                        1D         ; refresh
                                        1H         ; retry
                                        1W          ; expire
                                        3H )       ; minimum
           IN   NS        master.sdcet.cn.
           IN   NS        slave.sdcet.cn.
10         IN   PTR       master.sdcet.cn.
20         IN   PTR       slave.sdcet.cn.
10         IN   PTR       www.sdcet.cn.
```

6）重启 DNS 服务并测试。

（2）辅助域名服务器配置

辅助域名服务器配置步骤如下。

1）配置静态 IP 地址 192.168.100.20。

2）配置主配置文件/etc/named.conf，参考第 4.3.5 节内容。

3）编辑扩展配置文件/etc/named.rfc1912.zones，按以下内容配置。

```
root@localhost ~]# vim   /etc/named.rfc1912.zones
zone "sdcet.cn" IN {
        type slave;
        file "slaves/sdcet.cn.zone";        //设置正向解析文件路径及名称
        masters { 192.168.100.10; };        //设置 master 服务器的 IP 地址
};
zone "100.168.192.in-addr.arpa" IN {
        type slave;
        file " slaves/100.168.192.zone";     //设置反向解析文件路径及名称
        masters { 192.168.100.10; };        //设置 master 服务器的 IP 地址
};
```

辅助域名服务器的区域文件名要和主域名服务器的文件名一致，但文件保存的位置不同。主域名服务器的区域文件保存在/var/named 目录下，而辅助域名服务器的区域文件保存在/var/named/slaves 目录下。辅助域名服务器的区域文件不需要管理员创建、配置，它会随着数据同步自动生成，但一定要注意区域文件的权限。

4）重启 DNS 服务并测试。

5）关闭主域名服务器，再次测试。

7．bind-chroot 软件包

chroot 就是 change root，用以改变服务的根目录，这样做的好处是能够增强服务器的安全性。在 DNS 服务器中，如果没有安装 bind-chroot，黑客可能会通过 DNS 服务窃取/etc 目录甚至根目录的相应内容。安装 bind-chroot 软件包之后，DNS 服务的根目录将被限定在/var/named/chroot 目录中。所以，实际应用过程中，BIND 是和 bind-chroot 软件包同时安装的。

```
[root@localhost ~]# yum install   -y   bind-chroot
```

安装完 bind-chroot 软件包，named 服务与 named-chroot 服务只能启动一个。因此，需要关闭 named 服务，开启 named-chroot 服务。

```
[root@localhost ~]# systemctl   stop   named.service
[root@localhost ~]# systemctl   disable   named.service
[root@localhost ~]# systemctl   start   named-chroot
[root@localhost ~]# systemctl   enable   named-chroot
```

启动 named-chroot 服务后，DNS 服务的配置没有任何改变，但配置文件的路径发生了变化，如表 4-3 所示。

表 4-3　安装 bind-chroot 软件包后配置文件路径的变化

安装 bind-chroot 前	安装 bind-chroot 之后
/etc/named.conf	/var/named/chroot/etc/named.conf
/etc/named.rfc1912.zones	/var/named/chroot/etc/named.rfc1912.zones
/var/named/named.ca	/var/named/chroot/var/named/named.ca
/var/named/sdcet.cn.zone	/var/named/chroot/var/named/sdcet.cn.zone
/var/named/100.168.192.sdcet	/var/named/chroot /var/named/100.168.192.zone

4.4　工作任务 11——Windows 中 DNS 服务器的搭建

4.4.1　任务目的

工作任务 11

新星公司建立了对外宣传的 Web 网站，信息系统中也有自己专属的邮件系统、办公自动化等系统。访问这些服务器就需要 DNS 服务的支持，通过 DNS 服务的解析，就可以用简洁好记的域名方便地访问这些服务器了。

新星公司向中国互联网络信息中心申请了属于自己的域名 sdcet.cn，在 Windows Server 系统中搭建 DNS 服务器，解析 sdcet.cn 域名。

4.4.2　任务规划

新星公司信息系统的 IP 地址在 192.168.100.0/24 网段，规划 DNS 服务器的 IP 地址为 192.168.100.10，服务器平台采用 Windows Server 2016 系统。解析 sdcet.cn 域中的 www、ftp、oa 等主机，以及 mail 邮件交换主机。要求 www.sdcet.cn 解析到 192.168.100.10，mail.sdcet.cn 解析到 192.168.100.100，ftp.sdcet.cn 解析到 192.168.100.101，oa.sdcet.cn 解析到 192.168.100.200。在浏览器输入 web.sdcet.cn，能够与输入 www.sdcet.cn 一样浏览公司网站。对于给定的 IP 地址，能够反向解析其对应的主机。

4.4.3　DNS 服务的安装步骤

安装 DNS 服务时，一般要求该服务器的 IP 地址是固定的。以系统管理员身份设置 DNS 服务器的 IP 地址为 192.168.100.10，主机名为 WIN2016。DNS 客户机的 IP 地址为 192.168.100.20，主机名为 WIN2016-C。

1）以系统管理员身份登录需要安装 DNS 服务器角色的计算机，选择"开始"→"服务器管理器"命令，打开"服务器管理器·仪表板"。在"服务器管理器·仪表板"中单击"添加角色和功能"选项，如图 4-4 所示。

2）打开"添加角色和功能向导"对话框，单击"下一步"按钮，打开"选择安装类型"界面，选择"基于角色或基于功能的安装"单选按钮，如图 4-5 所示。

图 4-4 "服务器管理器·仪表板"窗口

图 4-5 选择安装类型

3）单击"下一步"按钮，打开"选择目标服务器"界面，选择"从服务器池中选择服务器"单选按钮，在下面的列表框中选择 WIN2016，如图 4-6 所示。

4）单击"下一步"按钮，打开"选择服务器角色"界面，勾选"DNS 服务器"复选框，在打开的对话框中保持默认设置，单击"添加功能"按钮，如图 4-7 所示。返回"服务器管理器·仪表板"，其他保持默认设置，系统开始安装 DNS 服务器。

图 4-6 从服务器池中选择服务器

图 4-7 添加 DNS 角色

4.4.4 DNS 服务的配置

DNS 服务可分为正向查找区域和反向查找区域两类。正向查找区域 DNS 用于域名到 IP 地址的映射，反向查找区域 DNS 则用于 IP 地址到域名的映射。

正向查找区域 DNS、反向查找区域 DNS 又都可以分为主要区域 DNS、辅助区域

DNS、存根区域 DNS。主要区域 DNS 负责域名和 IP 地址之间的解析；辅助区域 DNS 则在主要区域 DNS 瘫痪时提供服务；存根区域 DNS 即缓存 DNS，不负责任何域名解析，只缓存解析记录。

1. 创建正向主要区域

1）在"服务器管理器·仪表板"的右上方，选择"工具"→"DNS"命令，打开"DNS 管理器"控制台，展开左侧导航窗格中的服务器"WIN2016"节点。右击"正向查找区域"，在弹出的菜单中选择"新建区域"命令，如图 4-8 所示，打开"新建区域向导"对话框。

2）单击"下一步"按钮，打开"区域类型"界面，选择"主要区域"单选按钮，如图 4-9 所示。

图 4-8　选择"新建区域"　　　　　　　　图 4-9　"区域类型"界面

3）单击"下一步"按钮，打开"区域名称"界面，输入正向主要区域的名称。区域名称以域名表示，这里输入"sdcet.cn"，如图 4-10 所示。

4）单击"下一步"按钮，打开"区域文件"界面。在"区域文件"界面中，创建新的区域文件或使用现有的区域文件，这里保持默认设置，如图 4-11 所示。区域文件用于保存区域资源记录。

图 4-10　"区域名称"界面　　　　　　　　图 4-11　"区域文件"界面

5）单击"下一步"按钮，打开"动态更新"界面。在"动态更新"界面中保持默认设置，即选择"不允许动态更新"单选按钮，如图 4-12 所示。

6）单击"下一步"按钮，打开"正在完成新建区域向导"界面，然后单击"完成"按钮，结束正向主要区域的创建。

2．创建反向主要区域

1）打开"DNS 管理器"控制台，展开左侧导航窗格中的服务器"WIN2016"节点。右击"反向查找区域"，在弹出的菜单中选择"新建区域"命令，打开"新建区域向导"对话框。单击"下一步"按钮，区域类型选择"主要区域"。单击"下一步"按钮，打开"反向查找区域名称"界面，选择"IPv4 反向查找区域"单选按钮，如图 4-13 所示。

图 4-12　"动态更新"界面　　　　　　　图 4-13　"反向查找区域名称"界面

2）单击"下一步"按钮，输入反向查找区域的网络 ID。这里在"网络 ID"文本框中输入"192.168.100"，如图 4-14 所示。

3）单击"下一步"按钮，打开"区域文件"界面，保持默认设置，如图 4-15 所示。

图 4-14　设置网络 ID　　　　　　　　　图 4-15　"区域文件"界面

4）单击"下一步"按钮，打开"动态更新"界面，保持默认设置。单击"下一步"按钮，在打开的对话框中单击"完成"按钮，结束反向主要区域的创建。

3．新建资源记录

DNS 服务器的管理包括在正向主要区域中新建主机记录、新建别名记录和新建邮件交换器记录，在反向主要区域中创建指针记录。

（1）新建主机记录

在"DNS 管理器"控制台中，展开左侧导航窗格中的服务器和正向查找区域节点。右击区域"sdcet.cn"，在弹出的菜单中选择"新建主机 A"命令。打开"新建主机"对话框，输入名称和 IP 地址，这里名称输入 www，IP 地址输入 192.168.100.10，勾选"创建相关的指针（PTR）记录"复选框，如图 4-16 所示。单击"添加主机"按钮，出现"成功创建了主机记录"提示对话框，单击"确定"按钮，结束主机记录的创建。

重复同样的步骤，可以添加 mail、ftp、oa 等主机记录。

（2）新建别名记录

别名记录用于将 DNS 域名的别名映射到另一个主机记录。

在"DNS 管理器"控制台的左侧导航窗格中，右击区域"sdcet.cn"，在弹出的菜单中选择"新建别名"命令。

在打开的"新建资源记录"对话框中，在"别名（如果为空则使用父域）"文本框中输入别名，如"web"，在"目标主机的完全合格的域名（FQDN）"文本框中输入已经存在的主机记录"www.sdcet.cn"，如图 4-17 所示。单击"确定"按钮，结束别名记录的新建。

图 4-16 "新建主机"对话框

图 4-17 "新建资源记录"对话框

（3）新建邮件交换器记录

邮件交换器记录由电子邮件转发服务器使用，用于将电子邮件的后缀映射为电子邮件服务器的主机名。例如，SMTP 服务器将电子邮件地址为 user@sdcet.cn 的邮件发送到用户的邮箱时，会向 DNS 服务器查询 sdcet.cn 的邮件交换器记录，DNS 服务器应答电子邮件服务器的主机名，SMTP 服务器就可以把邮件发送到该邮件服务器。

在"DNS 管理器"控制台左侧导航窗格的正向查找区域中，右击区域"sdcet.cn"，在弹出的菜单中选择"新建邮件交换器"命令。在打开的"新建资源记录"对话框中，"主机或子域"文本框多数情况下为空，不填写；在"邮件服务器的完全限定的域名（FQDN）"文本框中输入已经存在的主机记录，如输入 mail 主机记录"mail.sdcet.cn"；

在"邮件服务器优先级"文本框中输入"10",如图 4-18 所示。单击"确定"按钮,结束邮件交换器记录的创建。

邮件服务器的优先级是 0～65535 之间的一个数,表示该服务器相对其他邮件服务器的优先级。

单击"DNS 管理器"控制台左侧导航窗格中的区域"sdcet.cn",可以查看已经创建好的主机记录、邮件交换器记录、别名记录,如图 4-19 所示。

图 4-18　创建邮件交换器记录

图 4-19　查看资源记录

在"DNS 管理器"控制台中,展开左侧导航窗格中的"反向查找区域"节点,单击"100.168.192.in-addr.arpa",在右侧窗格中可以查看创建好的指针记录,如图 4-20 所示。

图 4-20　查看 PTR 指针记录

4.4.5　DNS 客户机设置及测试

1. Windows 客户机的配置

登录客户机,打开"本地连接　属性",继续打开"Internet 协议版本 4（TCP/IPv4）属性",将 DNS 服务器的 IP 地址设置为 192.168.100.10,如图 4-21 所示。

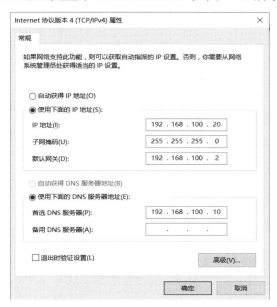

图 4-21　客户机配置

2．DNS 服务器的测试

DNS 服务器的测试一般使用 ping 命令和 nslookup 命令。其中,nslookup 命令有交互式测试和非交互式测试两种。在任务栏中单击"搜索 Windows",在对话框中输入"cmd",然后按〈Enter〉键。在打开的命令行窗口中输入相应的测试命令。

Windows Server 2016 环境下,DNS 服务器的测试与 Linux 环境下 DNS 服务器的测试方法基本相同,这里就不详细叙述了。

4.4.6　DNS 服务的管理

1．监视 DNS 设置是否正常

在"DNS 管理器"控制台左侧导航窗格中右击服务器"WIN2016",在弹出的菜单中选择"属性"命令,打开"WIN2016 属性"对话框,选择"监视"选项卡。勾选"对此 DNS 服务器的简单查询"和"对此 DNS 服务器的递归查询"复选框,单击"立即测试"按钮,即可对 DNS 服务器做相应测试。测试结果显示在对话框的最下方,如图 4-22 所示。

2．清除过期记录

由于网络拓扑结构变化及其他原因,DNS 服务器的数据库中可能会存在一些过期记录。通过设置可以定期清除这些过期记录。

在"DNS 管理器"控制台左侧导航窗格中右击服务器"WIN2016",在弹出的菜单中选择"属性"命令,打开"WIN2016 属性"对话框,选择"高级"选项卡。勾选"启用过时记录自动清理"复选框,在"清理周期"中设定相应时间。Windows Server 2016 默认该时间为 7 天。单击"确定"按钮,完成清除过期记录的设置,如图 4-23 所示。

图 4-22　监视 DNS 服务器　　　　　　　　图 4-23　清除过期记录

4.4.7　拓展与提高

1．hosts 文件

在第 4.3.13 节曾提到 hosts 文件的作用，在 Windows Server 2016 中，hosts 文件的存放位置为%SystemRoot%\system32\drivers\etc\hosts，可以用记事本打开该文件进行相应修改。例如，在该文件中增加一条记录。

　　　　192.168.100.150　　　　www.sdcet.cn

使用 ping 命令，ping 域名 www.sdcet.cn 时，会发现目的 IP 地址变成了 192.168.100.150。因此，一定要关注该文件的安全性。

2．根提示服务器

在 Windows Server 2016 中，安装 DNS 服务器时，默认会安装根提示，根提示记录了全球 13 台根服务器的 IP 地址。因此，即使 DNS 服务器没有任何记录，服务器也会根据根提示代客户机向全球的 DNS 根服务器实现层层迭代查询。

在"DNS 管理器"控制台左侧导航窗格中右击服务器"WIN2016"，在弹出的菜单中选择"属性"命令，打开"WIN2016 属性"对话框，选择"根提示"选项卡，如图 4-24 所示。该选项卡显示的是全球 13 台根服务器的名称及其 IP 地址，也可以根据互联网的发展添加、修改及删除 DNS 根服务器。

3．设置转发器

在"DNS 管理器"控制台左侧导航窗格中右击服务器"WIN2016"，在弹出的菜单中选择"属性"命令，打

图 4-24　显示根提示

开"WIN2016 属性"对话框，选择"转发器"选项卡。单击"编辑"按钮，打开"编辑转发器"对话框，在对话框中输入查询量比较大的地区级 DNS 服务器的 IP 地址，如图 4-25 所示。

图 4-25　设置转发器

4. 设置辅助 DNS 服务器

新星公司规划在不久的将来搭建第 2 台 DNS 服务器，作为第 1 台 DNS 服务器的备份，以提高网络的可靠性。DNS1 服务器的 IP 地址为 192.168.100.10，承担 sdcet.cn 域名解析任务。DNS2 服务器的 IP 地址为 192.168.100.251，作为网络中的辅助域名服务器起备份作用，当 DNS1 服务器出现故障时能够代替其提供解析及查询任务。

（1）主域名服务器 DNS1 的配置

1）DNS1 服务器的配置过程参考第 4.4.4 节。配置完成后，打开"DNS 管理器"控制台，右击左侧导航窗格中"正向查找区域"下的"sdcet.cn"，在弹出的菜单中选择"属性"命令。在打开的对话框中选择"区域传送"选项卡，如图 4-26 所示。

2）选择"只允许到下列服务器"单选按钮，单击"编辑"按钮，打开"允许区域传送"对话框。在对话框中输入辅助域名服务器 DNS2 的 IP 地址 192.168.100.251，如图 4-27 所示，单击"确定"按钮。

图 4-26　"区域传送"选项卡

图 4-27　设置允许传送的 DNS 地址

3）用同样的方法，设置反向查找区域 100.168.192.in-addr.arpa 的区域传送，结束主域名服务器 DNS1 的配置。

（2）辅助域名服务器 DNS2 的配置

更改计算机名为 WIN2016-2，配置 IP 地址为 192.168.100.251，安装 DNS 服务。

1）在"DNS 管理器"控制台左侧导航窗格中右击服务器"WIN2016-2"，在弹出的菜单中选择"新建区域"命令，打开"新建区域向导"对话框。单击"下一步"按钮，打开"区域类型"界面，选择"辅助区域"单选按钮，如图 4-28 所示。

2）单击"下一步"按钮，打开"正向或反向查找区域"界面，选择"正向查找区域"单选按钮，如图 4-29 所示。

图 4-28　"区域类型"界面

图 4-29　"正向或反向查找区域"界面

3）单击"下一步"按钮，打开"区域名称"界面，在"区域名称"文本框中输入主域名服务器的区域名称"sdcet.cn"，如图 4-30 所示。

4）单击"下一步"按钮，打开"主 DNS 服务器"界面，设置主域名服务器的 IP 地址192.168.100.10，系统开始认证，如图 4-31 所示。单击"下一步"按钮，进入"完成新建区域向导"界面。单击"完成"按钮，返回"DNS 管理器"控制台。

图 4-30　输入"区域名称"

图 4-31　输入主 DNS 服务器的 IP 地址

5）使用同样的方法，创建反向查找区域 100.168.192.in-addr.arpa 的辅助区域。创建完成后，返回"DNS 管理器"控制台，检查数据是否从主 DNS 服务器同步过来。

6）在控制台左侧导航窗格中展开"正向查找区域"→"sdcet.cn"，可以看到辅助域名服务器已经将主域名服务器的资源记录复制过来了，如图 4-32 所示。

7）反向查找区域的数据同步情况如图 4-33 所示。如果资源记录没有正确显示，可以在"DNS 管理器"控制台中选择"操作"→"刷新"命令，再次查看资源记录。

 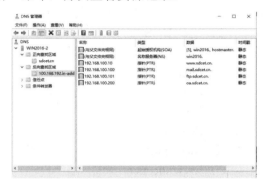

图 4-32　正向区域的同步数据　　　　　　图 4-33　反向区域的同步数据

辅助域名服务器的资源记录无法修改，只能同步主域名服务器的数据。

4.5　本章总结

DNS 是互联网中最重要、最基本的核心网络服务，网络管理员要掌握 DNS 服务器的安装、配置与管理的基本工作技能。本章重点内容如下。

1）DNS 服务的工作原理。

2）DNS 服务的基本概念：正向解析、反向解析、递归查询、迭代查询等。

3）DNS 服务的资源记录，如主机 A 记录、邮件交换 MX 记录、别名 CNAME 记录、指针记录 PTR 等。

4）Linux 下 DNS 服务器的安装、配置与测试。

5）Windows Server 下 DNS 服务器的安装、配置与测试。

4.6　习题与实训

一、填空题

1．DNS 的全称是_____。

2．DNS 服务在_____端口监听。

3．DNS 服务器可以分为_____、_____和_____三类。

4．正向区域中，可以添加_____、_____和_____记录。

5．我国的顶级域名是_____。

6．DNS 查询模式有_____、_____。

7．_____文件在查询中优先于 DNS 服务器。

8．BIND 服务的守护进程是_____。

二、选择题

1. 在 Linux 中，DNS 是由_____软件来实现的。
   A．FTP   B．BIND   C．Apache   D．Samba
2. nslookup 命令用于_____。
   A．显示 TCP/IP 参数设置   B．测试网络连通性
   C．测试 DNS 服务   D．显示 NetBIOS 设置
3. BIND 服务器的守护进程是_____。
   A．bind   B．named   C．smbd   D．nmbd
4. 在 DNS 配置文件中，用于表示某主机别名的是_____。
   A．NS   B．CNAME   C．NAME   D．CN
5. 在 www.sdcet.cn 这个完整名称（FQDN）里，_____是主机名。
   A．sdcet.cn   B．sdcet
   C．www.sdcet.cn   D．www
6. DNS 服务器的管理包括在正向主要区域中添加_____、_____记录和新建邮件交换记录，在反向主要区域中创建_____。
   A．指针记录、主机记录、别名记录   B．指针记录、别名记录、主机记录
   C．主机记录、别名记录、指针记录   D．主机记录、别名记录、域名记录
7. DNS 服务器的测试一般使用_____命令和_____命令。
   A．ping、tracert   B．ping、nslookup
   C．nslookup、netstat   D．netstat、nslookup
8. 通过设置_____服务器，可代 DNS 客户机向其他查询量比较大的地区级 DNS服务器进行查询。
   A．根提示   B．转发器
   C．主域名服务器   D．辅助域名服务器
9. BIND 中根服务器提示文件是_____。
   A．/etc/hosts   B．/etc/named.conf
   C．/var/named/named.local   D．/var/named/named.ca

三、简答题

1. 简述域名的解析过程。
2. DNS 服务器和客户机设置完毕，有哪些命令可以测试其设置是否正确？请分别介绍测试方法。
3. 简述 bind-chroot 软件包的功能。
4. 为什么要设置 DNS 转发器？如何设置？

四、实训

1. Linux 下 DNS 服务器的配置

实训目的：掌握 Linux 系统中 DNS 服务器的安装、启动与停止；掌握 DNS 配置文件named.conf 的操作；掌握正向解析区域文件、反向解析区域文件的配置；掌握 DNS 服务器的测试手段。

实训环境：网络环境中装有 CentOS 7 操作系统的计算机。

实训步骤：

第 1 步：DNS 规划。以下主机和 IP 地址相映射：dns.example.com—192.168.21.100，ftp.example.com—192.168.21.150，mail.example.com—192.168.21.151，www.example.com—192.168.21.152。其中，mail.example.com 是邮件服务器，www1.example.com 是 www.example.com 主机的别名。

第 2 步：DNS 服务器的安装和启动。

第 3 步：DNS 服务器的配置与管理。

1）下载根信息文件 named.ca。

2）配置主配置文件 named.conf。

3）配置 named.rfc1912.zones 文件。

4）创建域 example.com 的正向解析文件。

5）创建域 example.com 的反向解析文件。

6）利用 nslookup 命令测试 DNS 服务器。

第 4 步：撰写实训报告。

2. Windows Server 下 DNS 服务器的配置

实训目的： 掌握 Windows Server 2016 中 DNS 服务器的安装、配置、管理方法，熟悉 DNS 服务器的测试。

实训环境： 网络环境中装有 Windows Server 2016 操作系统的计算机。

实训步骤：

1）从服务器管理器控制台中安装 DNS 服务器。

2）以域名 china.com 为例，创建正向主要区域。

3）在正向主要区域中，创建主机记录、别名记录、邮件交换器记录。

4）设置 DNS 转发器。

5）查看正向区域文件。

6）创建反向主要区域。

7）在反向主要区域中，创建指针记录。

8）查看反向区域文件。

9）用 ping 命令测试 DNS 服务器。

10）用 nslookup 命令以交互式和非交互式两种方法测试 DNS 服务器。

11）撰写实训报告。

第 5 章　实现 IP 地址动态分配——DHCP 服务器

手工配置计算机的 IP 地址可能会造成网络中两台或两台以上的计算机使用相同的 IP 地址，因而产生 IP 地址冲突、用户无法正常访问网络的问题。解决这一问题的方案就是采用 DHCP，实现 IP 地址的动态配置。

5.1　学习情境设计

5.1.1　学习情境导入

新星公司信息系统中的主机 IP 地址是网络管理员以手工方式配置的。这使得网络管理员的负担非常繁重，难免在配置过程中出现错误，甚至不同的主机配置了相同的 IP 地址，从而导致部分主机在网络中无法正常工作。

因此，新星公司网络中心决定在网络中架设 DHCP 服务器解决以上问题。DHCP 服务器提供动态配置 IP 地址的功能。在 DHCP 网络中，不再需要手工配置网络参数（包括 IP 地址、子网掩码、默认网关、DNS 服务器的地址等），而是由 DHCP 服务器向客户机自动分配。DHCP 服务器大大减轻了网络管理员管理和维护网络的负担，同时，它还在一定程度上缓解了 IP 地址缺乏的问题。

5.1.2　教学导航

通过本章的学习与实训，读者可以掌握 Linux、Windows Server 两大主流操作系统平台 DHCP 服务器的搭建、管理与维护技能。教学导航如表 5-1 所示。

表 5-1　教学导航

章节重点	1）DHCP 的工作原理； 2）DHCP 的基本配置：DHCP 作用域的规划、设置，租约期限的规划、设置等； 3）DHCP 客户端的配置与测试
章节难点	DHCP 作用域的规划、设置，租约期限的规划、设置
技能目标	1）能够完成 Linux 中 DHCP 服务器的搭建、管理与测试等工作任务； 2）能够完成 Windows Server 中 DHCP 服务器的搭建、管理与测试等工作任务
知识目标	了解 DHCP 的工作原理，掌握 DHCP 作用域的规划、设置，掌握租约期限的规划、设置
建议学习方法	通过教师的课堂演示，动手在 Linux、Windows Server 操作系统下搭建 DHCP 服务器，以及在 Linux、Windows Server 平台下正确设置 DHCP 客户端并进行测试

5.2　基础知识

5.2.1　DHCP 服务简介

一般来说，网络中计算机 IP 地址的配置方法有两种：手工配置静态 IP 地址或从 DHCP

服务器动态获得 IP 地址。

网络管理员可以通过手工输入的方式为网络上的每台设备设置其 IP 地址等网络参数。手工输入不可避免会产生输入错误，导致通信无法正常进行或 IP 地址冲突。手工配置 IP 地址非常烦琐，不适合较大网络，管理负担比较繁重。此外，对网络中的每台设备配置一个静态 IP 地址会造成 IP 地址资源的浪费。网络中的这些设备不可能同时在线，每台设备配置不同的静态 IP 地址无法解决 IP 地址不足的问题。

DHCP 服务则实现了对整个网络 IP 地址的自动统一分配和集中管理。当 DHCP 客户机启动时，它会向 DHCP 服务器请求分配 IP 地址，DHCP 服务器收到请求后会自动从地址池中分配一个未使用的 IP 地址给客户机，从而实现 IP 地址的自动分配。在分配 IP 地址给客户机的同时，也会为客户机指定默认网关、子网掩码和 DNS 服务器等，以便客户机在网络中通信。

5.2.2　DHCP 服务的工作原理

1. 客户机获取 IP 租约

DHCP 是一个基于广播的协议，客户机通过广播向 DHCP 服务器申请 IP 地址，DHCP 服务器将 IP 地址及其他网络参数发送给客户机。DHCP 客户机首次获得 IP 租约，需要经过 4 个阶段与 DHCP 服务器建立联系，如图 5-1 所示。

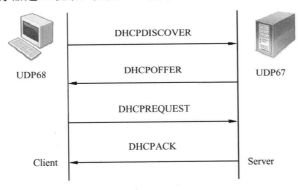

图 5-1　DHCP 服务的实现过程

1）DHCP 客户机启动计算机后，没有有效的 IP 地址等网络参数。因此，客户机会广播一个 DHCPDISCOVER（DHCP 发现）消息包，目的端口是 UDP 的 67 端口，向网络上的任意一台 DHCP 服务器请求提供 IP 租约。

2）网络中的主机都会监听到这种广播消息，但只有 DHCP 服务器会做出响应。网络上的所有 DHCP 服务器在 UDP67 端口监听，接收到此广播消息后，每台 DHCP 服务器都会向 DHCP 客户机的 UDP68 端口回应一个 DHCPOFFER（DHCP 提供）广播包，该广播包中包含了一个尚未被其他客户机租用的 IP 地址，及子网掩码、DNS 服务器的 IP 地址等网络参数。DHCPOFFER 包也是以广播形式发送的，此时客户机尚未配置有效的 IP 地址。

3）网络中的多台 DHCP 服务器都会对客户机的 IP 租约请求做出响应，但客户机会选择收到的第一个 DHCPOFFER 包，并向网络中发送一个 DHCPREQUEST（DHCP 请求）广播包，该广播包中包含所选定的 DHCP 服务器的 IP 地址和所接受的 IP 地址。客户机以广播形式通信，是为了通知其他 DHCP 服务器，已经接受一个 DHCP 服务器提供的 IP 地址。

4）被客户机选择的 DHCP 服务器在收到 DHCPREQUEST 消息包后，会广播返回给客户机一个 DHCPACK（DHCP 确认）消息包，表明已经接受客户机的选择，并将这一 IP 地址的合法租用以及其他的配置信息都放入该广播包发给客户机。除客户机选中的服务器外，其他 DHCP 服务器都收回第一阶段提供的 IP 地址。

客户机在收到 DHCPACK 包后，会使用该消息包中的配置参数与自己的网卡绑定。租用过程完成，客户机便可以在网络中通信了。

2．客户机 IP 租约更新

当取得 IP 租约后，DHCP 客户机必须定期更新 IP 租约，否则当 IP 租约到期后，服务器会将 IP 地址收回，客户机就不能再使用此 IP 地址了。每当租用时间超过租约的 50% 和 87.5% 时，客户机就必须发出 DHCPREQUEST 消息包，向 DHCP 服务器请求更新 IP 租约。具体更新过程如下。

1）当 IP 租约已过 50% 时，客户机直接向提供 IP 地址的 DHCP 服务器发出 DHCPREQUEST 消息包，服务器收到该消息后，会返回一个 DHCPACK 消息包，客户机将根据 DHCPACK 消息包中新的 IP 租约更新 TCP/IP 参数；若由于网络等原因没有收到 DHCP 服务器返回的 DHCPACK 消息包，客户机将继续使用原有的 IP 地址。

2）若 IP 租约在已过 50% 时未获得更新，则在租约期限的 87.5% 时，客户机将再次联系提供 IP 地址的 DHCP 服务器，若此次更新仍未成功，租约期满时客户机将重新发出 IP 租约请求（DHCPDISCOVER）。

3）客户机租用 IP 地址有租约期限的限制，该 IP 租约的解约有两种原因。其一是客户机处于脱机状态，这时 DHCP 服务器将收回 IP 地址，脱机状态包括关闭网络接口、重新启动、关机。其二是客户机使用 IP 地址达到规定的租约期限，而没有重新提出 DHCP 申请续约，DHCP 服务器也将收回该 IP 地址。

3．DHCP 服务的组成

1）作用域。作用域通常指的是网络上的单个子网，就是一个合法的 IP 地址范围，DHCP 服务器利用该范围向客户机出租或分配 IP 地址。作用域可以利用作用域选项向客户机提供其他配置信息，如默认网关、DNS 服务器的 IP 地址等。为了防止发生重复的 IP 地址问题，不应在多个作用域中使用相同的 IP 地址。

2）地址池。在定义了 DHCP 作用域及 IP 排除地址之后，剩余的 IP 地址在作用域内形成可提供给客户机 IP 地址的集合，这称为地址池。DHCP 服务器可将地址池中的 IP 地址动态地提供给网络中的 DHCP 客户机。

3）租约期限。租约期限指的是 DHCP 服务器指定的一段时间，在此时间内 DHCP 客户机可以使用服务器分配的 IP 地址。一般来说，租约期限用天数、小时和分钟表示，表示 DHCP 客户机可以使用它所得到的 IP 租约的时间长度，默认租约期限是 8 天。用户可以根据网络的实际情况减少或增加租约期限。

4）作用域选项。除了可以利用 DHCP 服务器向客户机提供 IP 地址之外，还可以向客户机提供其他 TCP/IP 配置信息，如默认网关（路由器）、DNS 服务器、WINS 服务器等 IP 地址或其他信息。

5）保留地址。可以配置 DHCP 服务器，使它总是为某个 DHCP 客户机分配同一个 IP 地址，这称为保留地址。要为一台客户机保留一个 IP 地址，需要利用客户机网卡的物理地址（即 MAC 地址），即在 DHCP 服务器上绑定特定主机的 MAC 地址和 IP 地址。

5.3 工作任务 12——Linux 中 DHCP 服务器的搭建

工作任务 12

5.3.1 任务目的

新星公司信息系统中共有 100 多台计算机，通过在 Linux 操作系统平台上搭建 DHCP 服务器，实现系统内 IP 地址的自动分配，避免手工配置 IP 地址随意、冲突等情况的发生。

5.3.2 任务规划

新星公司信息系统的 IP 地址规划在 192.168.100.0/24 网段上，DHCP 服务器的 IP 地址为 192.168.100.10，默认网关为 192.168.100.2，DNS 服务器的 IP 地址为 192.168.100.10，地址池规划为 192.168.100.60～192.168.100.180。为总经理室分配静态 IP 地址 192.168.100.188，其网卡的 MAC 地址是 12:34:56:78:AB:CD。默认租约期限为 10 小时，最大租约期限为 12 小时。

5.3.3 DHCP 服务的安装与启动

1. DHCP 服务的安装

安装 DHCP 服务之前，为服务器配置静态 IP 地址 192.168.100.10，配置好 yum 源。

在 CentOS 系统中安装 DHCP 服务可以通过 yum 仓库获得，也可以从 www.isc.org 上获取 dhcp 软件包，DHCP 服务的守护进程为 dhcpd。用户可在终端执行以下命令，查看系统是否已经安装 dhcp 软件包。

[root@localhost ~]# yum   list   installed |grep   dhcp

如果 dhcp 软件包还没有安装，可以使用 yum 命令安装 dhcp 软件包。

[root@localhost ~]# yum   install   -y   dhcp

2. DHCP 服务的启动

安装 dhcp 软件包后，由于 dhcpd 服务的主配置文件/etc/dhcp/dhcpd.conf 为空，所以无法启动 dhcpd 服务。等待/etc/dhcp/dhcpd.conf 配置完成后，可以使用以下命令启动 dhcpd 服务，并将其设置为开机自启动。

1）启动 dhcpd 服务。

[root@localhost ~]# systemctl   start   dhcpd

2）设置 dhcpd 服务开机自启动。

[root@localhost ~]# systemctl   enable   dhcpd

5.3.4 认识 dhcpd.conf.sample 模板文件

默认情况下，DHCP 服务器的主配置文件/etc/dhcp/dhcpd.conf 是空的，没有实质配置内容。在安装 DHCP 服务时提供了一个主配置文件模板，即 dhcpd.conf.sample。该文件在/usr/share/doc/dhcp-4.2.5 目录下，在配置 DHCP 服务时，应将该文件复制到/etc/dhcp 目录下，并改名为 dhcpd.conf。

复制/usr/share/doc/dhcp-4.2.5/dhcpd.conf.sample 到/etc/dhcp/dhcpd.conf,将 dhcpd.conf 文件覆盖。

```
[root@localhost ~]# cp   /usr/share/doc/dhcp-4.2.5/dhcpd.conf.example   /etc/dhcp/dhcpd.conf
```

使用 cat 命令再次打开/etc/dhcp/dhcpd.conf 文件,可以看到主配置文件的模板文件。

```
[root@localhost ~]# cat   /etc/dhcp/dhcpd.conf
#全局选项
option domain-name "example.org";
option domain-name-servers ns1.example.org, ns2.example.org;
default-lease-time 600;
max-lease-time 7200;
log-facility local7;
#子网声明
subnet 10.152.187.0 netmask 255.255.255.0 {
}
……
subnet 10.5.5.0 netmask 255.255.255.224 {
    range 10.5.5.26 10.5.5.30;
    option domain-name-servers ns1.internal.example.org;
    option domain-name "internal.example.org";
    option routers 10.5.5.1;
    option broadcast-address 10.5.5.31;
    default-lease-time 600;
    max-lease-time 7200;
}
……
#主机声明
host fantasia {
    hardware ethernet 08:00:07:26:c0:a5;
    fixed-address fantasia.fugue.com;
}
#定义 foo 类,客户机 request 广播中 vendor-class-identifier 字段对应的值前四个字节如果是
"SUNW"
class "foo" {
    match if substring (option vendor-class-identifier, 0, 4) = "SUNW";
}
#定义超级作用域
shared-network 224-29 {
#定义第一个作用域
    subnet 10.17.224.0 netmask 255.255.255.0 {
        option routers rtr-224.example.org;
    }
#定义第二个作用域
    subnet 10.0.29.0 netmask 255.255.255.0 {
        option routers rtr-29.example.org;
```

```
        }
#关联池，如果客户机匹配 foo 类，将获得该段地址
    pool {
        allow members of "foo";
        range 10.17.224.10 10.17.224.250;
    }
#关联池，如果客户机不匹配 foo 类，则获得该段地址
    pool {
        deny members of "foo";
        range 10.0.29.10 10.0.29.230;
    }
}
```

dhcpd 模板文件可分为 4 个部分：全局选项、子网声明、主机声明、大型网络的类及超级作用域。如果同一个全局选项没有被子网声明里的选项覆盖，其将对所有子网生效。子网声明以"subset"关键字开始，所有子网信息包括在{}中，{}中的配置选项只对该子网有效，但会覆盖全局配置。主机声明则为网络中的特定客户机设置静态 IP 地址。

1．全局选项

- option domain-name 为网络中的客户机定义 DNS 域名。
- option domain-name-servers 为网络中的客户机指定 DNS 服务器的主机名，或者其 IP 地址。
- default-lease-time 定义客户机租用 IP 地址的默认租约期限，默认单位是秒。
- max-lease-time 定义客户机租用 IP 地址的最大租约期限，默认单位是秒。
- log-facility 指定 DHCP 服务器发送的日志信息的日志级别。

option domain-name、option domain-name-servers、default-lease-time、max-lease-time 等配置选项也可以放到子网声明中。子网声明中的选项和全局选项中的如有重复，子网声明中选项的值将覆盖全局选项中的参数值。

2．子网声明

- subnet 10.5.5.0 netmask 255.255.255.224{}指定作用域的子网地址和子网掩码。需要注意的是，语句中的子网 ID 必须与 DHCP 服务器所在的网络 ID 相同。
- range 10.5.5.26 10.5.5.30，地址池的 IP 地址范围是一个连续的地址段，10.5.5.26 为起始 IP 地址，10.5.5.30 为结束 IP 地址。一个子网声明中可以有多个 range 语句，即可以有多个连续的地址段。range 所定义的地址池必须在 subnet 所定义的子网之内，否则 dhcpd 服务重启后，系统会提示错误信息。
- option routers 10.5.5.1 设置提供给客户机的默认网关 IP 地址。
- option broadcast-address 10.5.5.31 设置提供给客户机的广播地址。

3．主机声明

- hardware ethernet 08:00:07:26:c0:a5 设置保留地址中，特定客户机的 MAC 地址。
- fixed-address fantasia.fugue.com 设置使用保留地址的主机名，或为特定主机保留的 IP 地址。

主机声明可以独立，也可以嵌套在子网声明语句中。

4．DHCP 主配置文件中常用的选项

DHCP 主配置文件中的选项全部用 option 关键字开头，常用的选项如下。

- subnet-mask 为客户机指定子网掩码。
- domain-name 为客户机指定其所属的域。
- domain-name-servers 为客户机指定 DNS 服务器的 IP 地址。
- router 为客户机指定默认网关的 IP 地址。
- broadcast-address 为客户机指定广播地址。
- netbios-name-servers 为客户机指定 WINS 服务器的 IP 地址。
- netbios-node-tyep 为客户机指定节点类型。
- ntp-server 为客户机指定网络时间服务器的 IP 地址。
- nis-servers 为客户机指定 NIS 域服务器的 IP 地址。
- nis-domain 为客户机指定所属的 NIS 域的名称。
- host-name 为客户机指定主机名。

5.3.5　配置 dhcpd.conf 文件

1．修改 dhcpd.conf 文件

新星公司网络管理员将 DHCP 服务安装完成之后，利用 DHCP 提供的模板文件，配置 /etc/dhcp/dhcpd.conf 文件。

```
[root@localhost ~]# cp   /usr/share/doc/dhcp-4.1.1/dhcpd.conf.sample   /etc/dhcp/dhcpd.conf
[root@localhost ~]# vim   /etc/dhcp/dhcpd.conf
```

新星公司 DHCP 服务器主配置文件 dhcpd.conf 的内容如下。

```
option domain-name-servers 192.168.100.10;          //为该网段的客户机指定 DNS 服务器的 IP 地址
default-lease-time 36000;                           //DHCP 客户机默认的租期
max-lease-time 43200;                               //DHCP 客户机最大的租期
log-facility local7;                                //指定 DHCP 服务器发送的日志信息的日志级别
subnet 192.168.100.0 netmask 255.255.255.0 {        //子网声明
    range 192.168.100.60 192.168.100.180;           //该网段的 IP 地址池
    option routers 192.168.100.2;                   //定义该网段的默认网关
    option subnet-mask 255.255.255.0;               //定义该网段的子网掩码
}
host manager {                                      //主机声明
    hardware Ethernet 12:34:56:78:ab:cd;            //客户机的 MAC 地址
    fixed-address 192.168.100.188;                  //为该客户机分配的静态 IP 地址
}
```

以上 DHCP 服务器主配置文件 dhcpd.conf 实现的功能如下。

1）DHCP 服务器能向客户机提供 192.168.100.60～192.168.100.180 范围内的动态 IP 地址。

2）DHCP 服务器能向 MAC 地址为 12:34:56:78:ab:cd 的总经理室客户机提供静态 IP 地址 192.168.100.188。

3）DHCP 服务器除了向客户机提供 IP 地址外，还向客户机提供子网掩码 255.255.255.0、默认网关 192.168.100.2，以及客户机 IP 地址的租约期限等配置信息。

完成主配置文件 dhcpd.conf 的修改后，就可以启动 dhcpd 服务了。

```
[root@localhost ~]# systemctl    start    dhcpd
```

2．设置 IP 作用域

当 DHCP 客户机向 DHCP 服务器请求 IP 地址时，DHCP 服务器从 IP 地址范围内选择一个尚未分配的 IP 地址，并将其分配给该 DHCP 客户机。这个 IP 地址范围就是一个 IP 子网中所有可分配 IP 地址的连续范围。

在 dhcpd.conf 文件中，用 subnet 语句来声明 IP 地址范围。subnet 语句的格式如下。

```
subnet 子网 IP netmask 子网掩码
{
    range 起始 IP 地址 结束 IP 地址;
    IP 参数;
}
```

通常一个 IP 作用域对应一个 IP 子网段。IP 子网段可用一个或多个 range 语句来描述，但是多个 range 所定义的 IP 地址范围不能重复。例如：

```
subnet 192.168.100.0 netmask 255.255.255.0 {
    range 192.168.100.20    192.168.100.100;
    range 192.168.100.150    192.168.100.200;
}
```

以上语句说明了 IP 子网 192.168.100.0/24 中可分配给客户机的两段 IP 地址范围。

3．设置租约期限

租约期限是在 DHCP 服务器上指定的时间长度，在这个时间范围内，DHCP 客户机可以临时使用从 DHCP 服务器租用的 IP 地址。租约期限设置得太长，可能会导致某些 IP 地址资源被长时间占用；设置得太短，会增加网络中的数据流量。因此要根据实际情况合理设置租约期限，如实行 8 小时工作制的单位中，默认租约期限可以设置为 10 小时（36000 秒），最大租约期限可以设置为 12 小时（43200 秒）。

在 dhcpd.conf 文件中，有以下两个与租约期限相关的设置。

1）默认租约期限。default-lease-time 语句用以设置默认的租用时间，其单位为秒。例如：

```
default-lease-time    36000;
```

2）最大租约期限。max-lease-time 语句用以设置客户机租用 IP 地址的最长时间，其单位为秒。例如：

```
max-lease-time    43200;
```

4．保留特定的 IP 地址

DHCP 服务器可以保留特定的 IP 地址给指定的 DHCP 客户机使用。也就是说，当这个客户机每次向 DHCP 服务器索取 IP 地址或更新租约时，DHCP 服务器都会给该客户机分配相同的 IP 地址。这种 DHCP 服务器为 DHCP 客户机分配 IP 地址的方式，通常称为静态分配 IP 地址或固定分配 IP 地址。

要保留特定的 IP 地址给指定的 DHCP 客户机使用，可先用 arp 命令查出该客户机网卡的 MAC 地址，然后在/etc/dhcp/dhcpd.conf 文件中，加入如下格式的 host 语句。

```
host  主机名
{
    hardware ethernet  网卡的 MAC 地址;
    fixed-address IP 地址;
}
```

这样就实现了指定客户机网卡的 MAC 地址和 IP 地址的绑定。客户机以后每次向服务器申请 IP 地址时，都会得到一个固定的 IP 地址。例如：

```
host   manager {
    hardware   Ethernet   12:34:56:78:AB:CD;
    fixed-address       192.168.100.188;
}
```

5.3.6 Linux 客户机的配置与测试

由于客户机采用响应速度最快的 DHCP 服务提供的 IP 地址，VMware Workstation 的 DHCP 服务会对客户机测试带来影响。因此，客户机测试之前需要将 VMware Workstation 的虚拟网络编辑器中 VMnet8 虚拟网卡的 DHCP 功能关闭。选择"编辑"→"虚拟网络编辑器"命令，打开"虚拟网络编辑器"对话框，选中 VMnet8，取消勾选"使用本地 DHCP 服务将 IP 地址分配给虚拟机"复选框。

1）在文本界面下可以直接编辑文件/etc/sysconfig/network-scripts/ifcfg-ens33，找到 BOOTPROTO 选项，将其改为"BOOTPROTO=dhcp"。例如：

```
[root@localhost ~]# vim   /etc/sysconfig/network-scripts/ifcfg-ens33
TYPE=Ethernet
BOOTPROTO=dhcp
NAME=ens33
DEVICE=ens33
ONBOOT=yes
```

2）重启网卡，使设置生效。可执行以下命令。

```
[root@localhost ~]# systemctl   restart   network
```

3）使用 ip addr 命令查看 ens33 获取的 IP 地址。

```
[root@localhost ~]# ip addr
2: ens33: <BROADCAST,MULTICAST,UP,LOWER_UP> mtu 1500 qdisc pfifo_fast state UP group
default qlen 1000
    link/ether 00:0c:29:07:4c:64 brd ff:ff:ff:ff:ff:ff
    inet 192.168.100.60/24 brd 192.168.100.255 scope global noprefixroute dynamic ens33
        valid_lft 27793sec preferred_lft 27793sec
    inet6 fe80::20c:29ff:fe07:4c64/64 scope link
        valid_lft forever preferred_lft forever
```

4）客户机可以通过使用 dhclient 命令来获取、释放 IP 地址。释放客户机已经获取的 IP 地址，并使用 ip address 命令查看 ens33 的 IP 地址信息。

```
[root@localhost ~]# dhclient    -r
[root@localhost ~]# ip    addr
2: ens33: <BROADCAST,MULTICAST,UP,LOWER_UP> mtu 1500 qdisc pfifo_fast state UP group
default qlen 1000
        link/ether 00:0c:29:07:4c:64 brd ff:ff:ff:ff:ff:ff
        inet6 fe80::20c:29ff:fe07:4c64/64 scope link
            valid_lft forever preferred_lft forever
```

5）使用 dhclient 命令重新获取 IP 地址，并使用 ip addr 命令查看 ens33 的 IP 地址信息。

```
[root@localhost ~]# dhclient
[root@localhost ~]# ip    addr
2: ens33: <BROADCAST,MULTICAST,UP,LOWER_UP> mtu 1500 qdisc pfifo_fast state UP group
default qlen 1000
        link/ether 00:0c:29:07:4c:64 brd ff:ff:ff:ff:ff:ff
        inet 192.168.100.61/24 brd 192.168.100.255 scope global secondary dynamic ens33
            valid_lft 27997sec preferred_lft 27997sec
        inet6 fe80::20c:29ff:fe07:4c64/64 scope link
            valid_lft forever preferred_lft forever
```

5.3.7 DHCP 服务的管理

1. 检查 DHCP 服务的运行

使用 ps 命令检查 dhcpd 进程。

```
[root@localhost ~]# ps    -ef | grep    dhcpd
```

使用 netstat 命令检查 dhcpd 服务开放的端口。

```
[root@localhost ~]# netstat    -nutap | grep    dhcpd
```

2. 查看 DHCP 服务器端的租约文件

DHCP 服务器端有一个租约文件 dhcpd.leases，它保存了服务器已经分发的所有 IP 地址，可以通过查看该文件检查已经被客户机使用的 IP 地址。该文件在/var/lib/dhcpd 目录下。

```
[root@localhost ~]# cat    /var/lib/dhcpd/dhcpd.leases
server-duid "\000\001\000\001&\007\270\322\000\014)f\342\353";
lease 192.168.100.60 {
    starts 5 2020/03/20 17:48:44;
    ends 6 2020/03/21 01:35:24;
    cltt 5 2020/03/20 17:48:44;
    binding state active;
    next binding state free;
    rewind binding state free;
    hardware ethernet 00:0c:29:07:4c:64;
}
lease 192.168.100.61 {
    starts 5 2020/03/20 18:19:03;
    ends 6 2020/03/21 02:05:43;
```

```
cltt 5 2020/03/20 18:19:03;
binding state active;
next binding state free;
rewind binding state free;
hardware ethernet 00:0c:29:07:4c:64;
}
```

安装完 dhcp 软件包、第一次运行 DHCP 服务的时候，dhcpd.leases 是一个空文件。如果通过其他方式安装，或因其他原因导致系统中没有这个文件，则需要手工创建。

```
[root@localhost ~]# touch    /var/lib/dhcpd/dhcpd.leases
```

工作任务 12
拓展与提高

5.3.8　拓展与提高

随着新星公司的业务规模不断扩大、员工不断增加，其信息系统也需要扩建。网络中心规划在不久的将来，公司信息系统扩展到两个网段：192.168.100.0/24、192.168.200.0/24。系统中的 DHCP 服务就要升级，以应对网络发展的新情况。网络管理员要掌握的技能除了基本的 DHCP 服务配置之外，还要掌握配置 DHCP 多作用域、配置 DHCP 中继代理的工作技能。

1．配置 DHCP 多作用域

根据公司信息系统的规划，公司网络由 192.168.100.0/24、192.168.200.0/24 两个子网组成，DNS 服务器的 IP 地址为 192.168.100.10。子网 1 的网关地址为 192.168.100.2，子网掩码为 255.255.255.0；子网 2 的网关地址为 192.168.200.2，子网掩码为 255.255.255.0。DHCP 服务器配置两块网卡，ens33 连接子网 1，规划 ens33 的 IP 地址为 192.169.100.10；ens37 连接子网 2，规划 ens37 的 IP 地址为 192.168.200.10。采取两块网卡实现两个 DHCP 作用域的配置，其拓扑结构如图 5-2 所示。

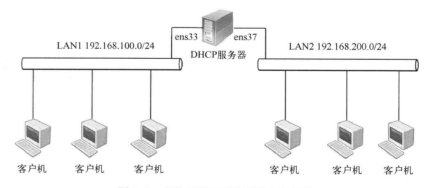

图 5-2　多作用域配置的网络拓扑结构

（1）配置两块网卡的 IP 地址

1）配置 ens33 网卡的 IP 地址。使用 vim 编辑器打开/etc/sysconfig/network-scripts/ifcfg-ens33 文件，修改以下选项。

```
[root@localhost ~]# vim   /etc/sysconfig/network-scripts/ifcfg-ens33
TYPE=Ethernet
BOOTPROTO=static
```

```
NAME=ens33
DEVICE=ens33
ONBOOT=yes
IPADDR=192.168.100.10
PREFIX=24
GATEWAY=192.168.100.2
......
```

2）使用 ip addr 命令可以看到第二块网卡被识别成 ens37，但系统中并没有 ens37 的配置文件，因此需要复制 ens33 的配置文件，然后做修改。

```
[root@localhost ~]# cd    /etc/sysconfig/network-scripts/
[root@localhost network-scripts]# cp    ifcfg-ens33    ifcfg-ens37
[root@localhost network-scripts]# vim ifcfg-ens37
TYPE=Ethernet
BOOTPROTO=static
NAME=ens37
#UUID=d6341601-c465-478b-bedd-34aa6ae981a8
DEVICE=ens37
ONBOOT=yes
IPADDR=192.168.200.10
PREFIX=24
GATEWAY=192.168.200.2
......
```

3）重启网络，使用 ip addr 命令查看 IP 地址。

```
[root@localhost network-scripts]# systemctl    restart    network
[root@localhost network-scripts]# ip addr
2: ens33: <BROADCAST,MULTICAST,UP,LOWER_UP> mtu 1500 qdisc pfifo_fast state UP group
default qlen 1000
        link/ether 00:0c:29:66:e2:eb brd ff:ff:ff:ff:ff:ff
        inet 192.168.100.10/24 brd 192.168.100.255 scope global noprefixroute ens33
3: ens37: <BROADCAST,MULTICAST,UP,LOWER_UP> mtu 1500 qdisc pfifo_fast state UP group
default qlen 1000
        link/ether 00:0c:29:66:e2:f5 brd ff:ff:ff:ff:ff:ff
        inet 192.168.200.10/24 brd 192.168.200.255 scope global noprefixroute ens37
```

（2）修改主配置文件 dhcpd.conf

在 DHCP 服务器上安装 dhcp-4.1.1-34.P1.el6.i686.rpm 软件包，将 dhcpd 服务设置为开机自启动。使用 vim 编辑器编辑/etc/dhcp/dhcpd.conf 文件。

```
[root@localhost ~]# vim    /etc/dhcp/dhcpd.conf
option domain-name-servers 192.168.100.10;
default-lease-time 28000;
max-lease-time 43200;
log-facility local7;
subnet 192.168.100.0 netmask 255.255.255.0 {
    range 192.168.100.60 192.168.100.180;
```

```
        option routers 192.168.100.2;
        option subnet-mask 255.255.255.0;
    }
    subnet 192.168.200.0 netmask 255.255.255.0 {
        range 192.168.200.120 192.168.200.180;
        option routers 192.168.200.2;
        option subnet-mask 255.255.255.0;
    }
```

部分选项对每个子网都是相同的，如 option domain-name-servers、default-lease-time、max-lease-time 等，可以放在全局选项中设置。option routers 对每个子网来说是不同的，因此要放到 subnet 子网声明中分别设置这些选项。

（3）重启 dhcpd 服务

```
[root@localhost ~]# service  dhcpd  restart
```

（4）使用 dhclient 命令测试

分别在子网 1 和子网 2 中的客户机上使用 dhclient 命令测试。

```
[root@localhost ~]# dhclient
[root@localhost ~]# ip   addr
```

2. 配置 DHCP 中继代理

对于多个子网的 DHCP 服务，也可以采用 DHCP 中继代理的解决方案。公司网络由 192.168.100.0/24、192.168.200.0/24 两个子网组成，DNS 服务器的 IP 地址为 192.168.100.10。子网 1 网关为 DHCP 中继代理 ens33 接口，IP 地址为 192.168.100.251，子网掩码为 255.255.255.0；子网 2 网关为 DHCP 中继代理 ens37 接口，IP 地址为 192.168.200.251，子网掩码为 255.255.255.0。DHCP 服务器的 IP 地址为 192.168.100.10。采取 DHCP 中继代理的配置，其拓扑结构如图 5-3 所示。

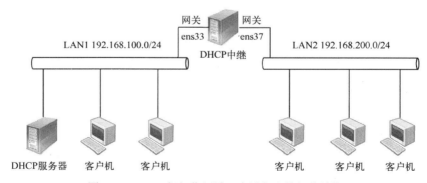

图 5-3 DHCP 超级作用域、中继代理的拓扑结构

（1）DHCP 服务器配置

设置 DHCP 服务器的 IP 地址为 192.168.100.10，安装 dhcp 软件包。

使用 vim 编辑器修改主配置文件/etc/dhcp/dhcpd.conf。

```
[root@localhost ~]# vim   /etc/dhcp/dhcpd.conf
option domain-name-servers 192.168.100.10;
```

```
default-lease-time 28000;
max-lease-time 43200;
log-facility local7;
subnet 192.168.100.0 netmask 255.255.255.0 {
    range 192.168.100.60 192.168.100.180;
    option routers 192.168.100.251;
    option subnet-mask 255.255.255.0;
}
subnet 192.168.200.0 netmask 255.255.255.0 {
    range 192.168.200.120 192.168.200.180;
    option routers 192.168.200.251;
    option subnet-mask 255.255.255.0;
}
```

（2）DHCP 中继代理的配置

设置 DHCP 中继代理 ens33 的 IP 地址为 192.168.100.251，ens37 的 IP 地址为 192.168.200.251，安装 dhcp 软件包。

DHCP 由于是用广播方式发送 IP 地址请求，因此不能跨越不同的网段。要实现跨网段 IP 地址请求，DHCP 中继代理必须开启转发功能。

```
[root@localhost ~]# vim   /etc/sysctl.conf
net.ipv4.ip_forward = 1
```

执行以下命令，使设置生效。

```
[root@ localhost ~]# sysctl   -p
net.ipv4.ip_forward = 1
```

（3）开启 DHCP 中继服务

指定 DHCP 服务器，开启 DHCP 中继服务。

```
[root@localhost ~]# dhcrelay 192.168.100.10
```

（4）子网 2 中测试

在子网 2 中的客户机上，运行 dhclient 命令测试 DHCP 中继代理。

```
[root@localhost ~]# dhclient
[root@localhost ~]# ip addr
```

实际工作环境中，DHCP 中继部署在三层交换上。在三层交换开启 DHCP 中继功能，并指定 DHCP 服务器的 IP 地址。不同设备厂商的配置命令有所区别，有兴趣的读者可以参考厂商的设备说明文档。

5.4 工作任务 13——Windows 中 DHCP 服务器的搭建

工作任务 13

5.4.1 任务目的

新星公司信息系统中共有 100 多台计算机，通过在 Windows Server 操作系统平台上搭建

DHCP 服务器，实现系统内 IP 地址的自动分配，避免手工配置 IP 地址随意、冲突等情况的发生。

5.4.2　任务规划

新星公司信息系统的 IP 地址规划在 192.168.100.0/24 网段上，DHCP 服务器的 IP 地址为 192.168.100.10，默认网关为 192.168.100.2，DNS 服务器的 IP 地址为 192.168.100.10，地址池规划为 192.168.100.60~192.168.100.180。为总经理室分配静态 IP 地址 192.168.100.188，其网卡的 MAC 地址是 12:34:56:78:AB:CD。默认租约期限为 10 小时。

5.4.3　DHCP 服务的安装步骤

以管理员账户登录到 IP 地址为 192.168.100.10 的计算机上，选择"开始"→"服务器管理器"命令，打开"服务器管理器·仪表板"。

1）在"服务器管理器·仪表板"中单击"添加角色和功能"选项，打开"添加角色和功能向导"对话框，单击"下一步"按钮，打开"选择安装类型"界面，选择"基于角色或基于功能的安装"单选按钮。

2）单击"下一步"按钮，打开"选择目标服务器"界面，选择"从服务器池中选择服务器"→WIN2016。单击"下一步"按钮，打开"选择服务器角色"对话框，勾选"DHCP 服务器"复选框。单击"下一步"按钮，在打开的对话框中保持默认设置，单击"添加功能"按钮，如图 5-4 所示。

3）返回"服务器管理器·仪表板"，其他保持默认设置，系统开始安装 DHCP 服务器，如图 5-5 所示。

图 5-4　"选择服务器角色"对话框

图 5-5　安装 DHCP 服务器

5.4.4　DHCP 服务的配置

根据同一子网内所拥有的客户机数量，确定一段 IP 地址范围作为 DHCP 的作用域。本任务中，DHCP 作用域的地址池定为 192.168.100.60~192.168.100.180。

1）在"服务器管理器·仪表板"的右上方，选择"工具"→"DNS"命令，打开"DNS 管理器"控制台，展开左侧导航窗格中的服务器"WIN2016"节点。右击"IPv4"，在弹出的菜单中选择"新建作用域"命令，如图 5-6 所示。

2）打开"新建作用域向导"对话框，单击"下一步"按钮。打开"作用域名称"界面，输入作用域名称"sdcet-network"，如图 5-7 所示。

图 5-6 选择"新建作用域"命令　　　　图 5-7 "作用域名称"界面

3）单击"下一步"按钮，打开"IP 地址范围"界面。本任务中定义的 DHCP 作用域为192.168.100.60～192.168.100.180，将其输入到"起始 IP 地址"和"结束 IP 地址"文本框中。子网掩码默认为 255.255.255.0，默认长度为 24，如图 5-8 所示。

4）单击"下一步"按钮，打开"添加排除和延迟"界面。在该界面中可以将作用域中不分配给客户机的 IP 地址排除，既可以排除单个 IP 地址，也可以排除连续的地址段。按照任务要求，192.168.100.60～192.168.100.180 作为连续地址段，因此不添加排除地址，如图 5-9 所示。

图 5-8 "IP 地址范围"界面　　　　图 5-9 "添加排除和延迟"界面

5）单击"下一步"按钮，打开"租用期限"界面。在该界面中可以设置 IP 地址租给客户机使用的时间期限。租约期限默认是 8 天，按照任务要求调整为 10 小时，如图 5-10 所示。

6）单击"下一步"按钮，打开"配置 DHCP 选项"该界面，选择"是，我想现在配置这些选项"单选按钮，如图 5-11 所示。

图 5-10 "租用期限"界面 　　　　　　　　图 5-11 "配置 DHCP 选项"界面

7）单击"下一步"按钮，打开"路由器（默认网关）"界面。在该界面的文本框中输入网关的 IP 地址，在此输入"192.168.100.2"，单击"添加"按钮，如图 5-12 所示。

8）单击"下一步"按钮，打开"域名称和 DNS 服务器"界面，在"IP 地址"文本框中输入 DNS 服务器的 IP 地址，在此输入"192.168.100.10"，单击"添加"按钮，如图 5-13 所示。

图 5-12 "路由器（默认网关）"界面 　　　　图 5-13 "域名称和 DNS 服务器"界面

9）单击"下一步"按钮，打开"WINS 服务器"界面。WINS 用来登记 NetBIOS 计算机名，并在需要时将它解析成 IP 地址。由于网络中没有配置 WINS 服务器，这里不填写，如图 5-14 所示。

10）单击"下一步"按钮，打开"激活作用域"界面，选择"是，我想现在激活此作用域"单选按钮，如图 5-15 所示。单击"下一步"按钮，打开"正在完成新建作用域向导"界面，单击"完成"按钮，完成作用域的创建。

一定要注意，作用域激活之后，左侧导航窗格中的 IPv4 节点处有绿色对钩标记。若 IPv4 标记为红色向下箭头，则说明作用域未激活，需要重启 DHCP 服务激活。

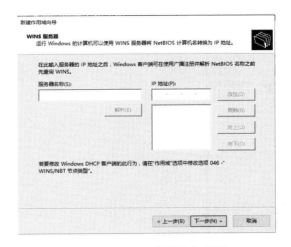

图 5-14 "WINS 服务器"界面

图 5-15 "激活作用域"界面

11）按照规划，需要为总经理室客户机设置静态 IP 地址 192.168.100.188，其 MAC 地址为 12:34:56:78:AB:CD。展开"DHCP"控制台左侧窗格中的 DHCP 服务器"WIN2016"节点，依次展开"IPv4"→"作用域{192.168.100.0}sdcet-network"，右击"保留"，选择"新建保留"命令，如图 5-16 所示。

12）在打开的"新建保留"对话框中，输入保留名称（如 manager）、IP 地址及 MAC 地址，如图 5-17 所示。单击"添加"按钮，设置保留 IP 地址。

图 5-16 选择"新建保留"命令

图 5-17 "新建保留"对话框

5.4.5 Windows 客户机的配置与测试

1．Windows 客户机的配置

客户机测试之前需要将 VMware Workstation 的虚拟网络编辑器中 VMnet8 的 DHCP 功能关闭。DHCP 客户机可以有多个类型，这里介绍 Windows 7 客户机的配置。

登录客户机，依次选择"网络共享中心"→"更改适配器设置"→"本地连接"，打开"本地连接 属性"对话框，继续打开"Internet 协议版本 4（TCP/IPv4）属性"对话框，将

IP 地址设置为自动获取，如图 5-18 所示。

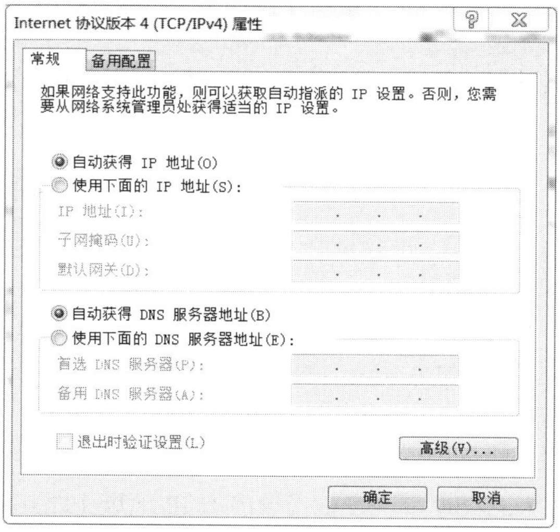

图 5-18　将 IP 地址改为自动获取

2．DHCP 测试

在 Windows 客户机中，在桌面上选择"开始"→"运行"命令，在"运行"对话框中输入"cmd"，然后按〈Enter〉键，打开命令行窗口。

在命令提示符下输入"ipconfig /all"，按〈Enter〉键，可以查看本机当前的网络连接配置。输入"ipconfig /renew"，按〈Enter〉键，可以更新 IP 地址。输入"ipconfig /release"，按〈Enter〉键，可以释放 IP 地址。Windows 下 DHCP 测试命令如下。

```
C:\Users\Administrator>ipconfig   /all                              //查看当前网络配置信息
    以太网适配器  本地连接:
        连接特定的 DNS 后缀 . . . . . . .:
        物理地址. . . . . . . . . . . : 00-50-56-C0-00-08
        DHCP 已启用 . . . . . . . . . . : 是
        自动配置已启用. . . . . . . . . : 是
        本地链接 IPv6 地址. . . . . . . : fe80::2836:a9c6:8a6d:6f21%37(首选)
        IPv4 地址 . . . . . . . . . . . : 192.168.100.60(首选)
        子网掩码   . . . . . . . . . . : 255.255.255.0
        获得租约的时间   . . . . . . . : 2020 年 3 月 21 日  21:49:50
        租约过期的时间   . . . . . . . : 2020 年 3 月 22 日  7:49:50
        默认网关. . . . . . . . . . . : 192.168.100.2
        DHCP 服务器 . . . . . . . . . . : 192.168.100.10
        DHCPv6 IAID . . . . . . . . . . : 486559830
        DHCPv6 客户端 DUID   . . . . . . : 00-01-00-01-22-F8-0D-E8-F0-76-1C-F9-C4-DB
        DNS 服务器   . . . . . . . . . : 192.168.100.10
        TCPIP 上的 NetBIOS   . . . . . . : 已启用
C:\Users\Administrator>ipconfig   /renew                            //更新 IP 地址
    Windows IP 配置
    以太网适配器  本地连接:
        连接特定的 DNS 后缀 . . . . . . .:
```

```
        IPv4 地址 . . . . . . . . . . . . . . . . . : 192.168.100.61
        子网掩码 . . . . . . . . . . . . . . . . . : 255.255.255.0
        默认网关. . . . . . . . . . . . . . . . . : 192.168.100.2
C:\Users\Administrator>ipconfig  /release                        //释放 IP 地址
Windows IP 配置
以太网适配器 本地连接:
        连接特定的 DNS 后缀 . . . . . . . :
        默认网关. . . . . . . . . . . . :
```

5.4.6 DHCP 服务的管理

1. 管理 DHCP 数据库

DHCP 服务器数据库的主要维护工作是备份和还原数据库，操作比较方便。对 DHCP 数据库进行备份，以便作用域被删除时可以还原。

1）以管理员账户登录 DHCP 服务器，创建文件夹（如 C:\DHCPbackup）作为保存 DHCP 服务器数据库备份的路径。打开"DHCP"控制台。右击"DHCP"控制台左侧导航窗格中 DHCP 服务器的"WIN2016"节点，在弹出的菜单中选择"备份"命令，如图 5-19 所示。打开"浏览文件夹"对话框，选择创建的作为备份路径的文件夹 C:\DHCPbackup。单击"确定"按钮，完成 DHCP 数据库的备份。

2）如果 DHCP 服务器作用域被误操作，如删除或修改，就可以执行还原操作，以还原 DHCP 服务器作用域。打开"DHCP"控制台，右击"DHCP"控制台左侧导航窗格中 DHCP 服务器的"WIN2016"节点，在弹出的菜单中选择"还原"命令，打开"浏览文件夹"对话框，选择刚才备份 DHCP 数据库的文件夹 C:\DHCPbackup。单击"确定"按钮，弹出"为了修改生效，必须停止和重新启动服务"提示框。单击"是"按钮，重新启动 DHCP 服务，即可完成 DHCP 数据库的还原。

2. 监视 DHCP 服务

监视 DHCP 服务的主要方法是查看统计信息和审核日志。

打开"DHCP"控制台，展开"DHCP"控制台左侧导航窗格中的"IPv4"节点，右击"IPv4"节点。在弹出的菜单中选择"显示统计信息"命令，打开"服务器 WIN2016 统计"对话框，如图 5-20 所示。从统计信息中，可以查看作用域数目、IP 地址总计、已使用的 IP 地址等信息。

图 5-19 DHCP 数据库备份

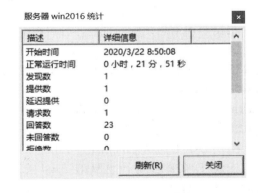

图 5-20 显示统计信息

DHCP 服务器的审核日志文件是 C:\Windows\system32\dhcp 文件夹下的 DhcpSrvLog-Sat.log 文件。使用记事本将审核日志文件打开，可以查看 IP 地址租约情况，如分配、更新或释放等。

5.4.7 拓展与提高

1. MAC 地址过滤

MAC 地址过滤是指 DHCP 服务器通过识别客户机 MAC 地址，比对已经设置好的白名单、黑名单，做出允许或拒绝网络中客户机的 IP 地址请求。一般来说，拒绝权限高于允许权限，即一个 MAC 地址既在白名单，又在黑名单中，则该客户机的 IP 地址请求将被拒绝。Windows Server 2016 通过筛选器实现 MAC 地址过滤。

1）设置白名单后，白名单之外 MAC 地址的 IP 地址请求被拒绝。打开"DHCP"控制台，展开"DHCP"控制台左侧导航窗格中的"IPv4"→"筛选器"→"允许"节点，右击"允许"，在弹出的菜单中选择"新建筛选器"命令，如图 5-21 所示。

2）打开"新建筛选器"对话框，输入白名单 MAC 地址，如图 5-22 所示。白名单启用后，其他 MAC 地址的 IP 地址请求将被拒绝。"DHCP"控制台左侧导航栏中，"允许"节点的向下红色箭头标记消失。

图 5-21 新建筛选器

图 5-22 将 MAC 地址加入白名单

3）设置黑名单的方法与设置白名单的类似。设置黑名单后，黑名单中 MAC 地址的 IP 地址请求将被拒绝。

2. 创建多个作用域

根据公司信息系统的规划，公司网络由 192.168.100.0/24、192.168.200.0/24 两个子网组成，DNS 服务器的 IP 地址为 192.168.100.10。子网 1 的网关地址为 192.168.100.2，子网掩码为 255.255.255.0；子网 2 的网关地址为 192.168.200.2，子网掩码为 255.255.255.0。DHCP 服务器配置两块网卡，Ethernet0 连接子网 1，规划 Ethernet1 的 IP 地址为 192.168.100.10；Ethernet1 连接子网 2，规划 Ethernet1 的 IP 地址为 192.168.200.10。采取两块网卡实现两个 DHCP 作用域的配置，其拓扑结构如图 5-23 所示。

配置 DHCP 服务 Ethernet0、Ethernet1 两块网卡的 IP 地址。

安装 DHCP 服务，重复第 5.4.4 节的步骤，在"DHCP"控制台"IPv4"节点下创建 sdcet-lan1、sdcet-lan2 两个作用域，创建完成之后的"DHCP"控制台如图 5-24 所示。在 LAN1、LAN2 分别用客户机测试。

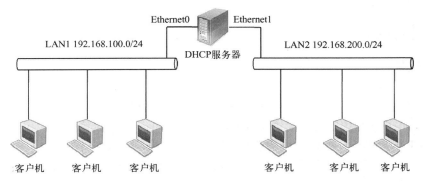

图 5-23　DHCP 多作用域的拓扑结构

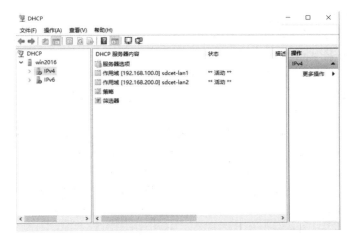

图 5-24　创建多个作用域

如果要在 Windows Server 2016 中开启 DHCP 中继功能，需要开启系统中的路由功能、DHCP 中继代理功能，并进行相应配置，配置过程较为烦琐。实际工作环境中不建议使用中继代理服务器，更好的做法是在三层交换上开启 DHCP 中继功能，并指定 DHCP 服务器的 IP 地址。

5.5　本章总结

DHCP 服务作为基本网络服务在网络管理中十分常见，网络管理员要掌握 DHCP 服务的安装、配置与管理的基本工作技能。本章重点内容如下。

1）DHCP 服务的工作原理。

2）DHCP 作用域的规划、设置。

3）DHCP 租约期限的设置。

4）Linux 下 DHCP 服务的安装、配置与测试。

5）Windows Server 下 DHCP 服务的安装、配置与测试。

6）大中型网络中多作用域配置。

5.6 习题与实训

一、填空题

1. DHCP 的全称是_____。

2. 如果要设置保留 IP 地址，需要将 IP 地址和客户机的_____进行绑定。

3. 在 CentOS 7 系统中，主配置文件 dhcpd.conf 在_____目录下。

4. DHCP 客户机在广播 IP 地址请求时使用_____端口，服务器在_____端口监听。

5. 配置 Linux 的 DHCP 客户机，需要将网卡配置文件中的 BOOTPROTO 选项设置为_____。

二、选择题

1. DHCP 的功能是_____。
   A. 为客户自动进行注册　　　　　　B. 为客户自动配置 IP 地址
   C. 使 DNS 名字自动登录　　　　　　D. 为 WINS 提供路由

2. DHCP 客户机申请 IP 地址时首先发送的信息是下面的_____。
   A. DHCPDISCOVER　　　　　　　　B. DHCPOFFER
   C. DHCPREQUEST　　　　　　　　　D. DHCPACK

3. dhcpd.conf 文件中，用于向客户机分配静态 IP 地址的选项是_____。
   A. server-name　　　　　　　　　　B. fixed-address
   C. filename　　　　　　　　　　　　D. hardware

4. DHCP 配置文件的选项中，为客户机指定 DNS 服务器的 IP 地址的是_____。
   A. broadcast-address　　　　　　　　B. domain-name-servers
   C. netbios-name-servers　　　　　　D. nis-servers

5. _____可能会造成两台或两台以上的计算机使用相同的 IP 地址，导致 IP 地址冲突、用户无法正常访问网络。
   A. 自动获取 IP 地址　　　　　　　　B. 服务器分配 IP 地址
   C. IP 地址与 MAC 地址绑定　　　　D. 手工配置 IP 地址

6. 根据同一子网内所拥有的客户机数量，确定一段 IP 地址范围作为 DHCP 的_____，又称 DHCP 的 IP 地址池。
   A. 管理区　　　　　　　　　　　　　B. 服务区
   C. 作用域　　　　　　　　　　　　　D. IP 地址

7. 测试 DHCP 服务器，登录客户机，将 IP 地址设置为_____。
   A. 自动获取　　　　　　　　　　　　B. 手工设置
   C. 127.0.0.1　　　　　　　　　　　　D. ISP 指定的 IP

三、简答题

1. DHCP 服务器有什么作用？

2. 简述 DHCP 的工作过程。

3. 简述 Linux 系统中 DHCP 客户机配置的过程。

4. 如何在 Windows Server 2016 中设置 DHCP 的白名单和黑名单？

5. Windows Server 2016 中如何对 DHCP 数据库进行备份和还原？

6．Windows Server 2016 中监视 DHCP 服务的主要方法有哪些？

四、实训

1．Linux 下 DHCP 服务器的配置

实训目的：掌握 Linux 系统中 DHCP 服务器的安装；掌握 DHCP 服务器主配置文件 dhcpd.conf 的配置方法；掌握 DHCP 客户机的配置与测试。

实训环境：网络环境中装有 CentOS 7 操作系统的计算机。

实训步骤：

1）DHCP 服务器规划：为客户机提供动态 IP 地址的范围为 192.168.21.20～192.168.21.100，子网掩码为 255.255.255.0，网关为 192.168.21.1，DNS 服务器的 IP 地址为 202.96.128.86。

2）DHCP 服务器的安装和启动。

3）修改 dhcpd.conf 文件，完成 DHCP 服务器的配置。

4）利用 systemctl 命令启动 DHCP 服务。

5）配置 DHCP 客户机，检测能否正确获取 IP 地址。

6）撰写实训报告。

2．Windows Server 下 DHCP 服务器的配置

实训目的：掌握 Windows Server 2016 中 DHCP 服务器的安装、配置、管理，掌握 DHCP 客户机的配置与测试。

实训环境：网络环境中装有 Windows Server 2016 操作系统的计算机。

实训步骤：

1）从"服务器管理器·仪表板"中安装 DHCP 服务器。

2）创建 DHCP 作用域，IP 地址池定为 192.168.2.100～192.168.2.199。

3）添加排除 IP 地址：192.168.2.50～192.168.2.60、192.168.2.88。

4）设置 IP 地址租期为 6 小时。

5）设置网关、DNS 服务器的 IP 地址。

6）为 DHCP 服务器授权，激活 DHCP 服务。

7）打开 DHCP 客户机，对客户机网络连接进行设置。

8）用 ipconfig 命令测试 DHCP 服务器。

9）设置筛选器黑名单，将客户机的 MAC 地址加入到黑名单。

10）测试客户机能不能获取 IP 地址。

11）撰写实训报告。

第6章　网络中的管家——域控制器

域是网络的安全边界，域控制器统一管理域中的计算机、用户及网络资源。Windows Server 2016 中通过安装 Active Directory（活动目录）实现域管理，Linux 系统中则需要安装 LDAP，但 Windows Server 的 Active Directory 更为普遍。华为 FusionAccess 桌面云、VMware vSphere 桌面云也需要域控制器管理。

6.1　学习情境设计

6.1.1　学习情境导入

新星公司原有的网络架构是基于工作组模式的，网络中的计算机对等，管理分散，且用户在每一次访问网络资源的时候都需要身份验证。随着公司规模的不断扩大，网络管理越来越力不从心。因此，公司信息中心决心在网络中实施域管理。

为此，新星公司申请了 sdcet.cn 域名，要在网络中搭建域控制器，实现网络中计算机、用户及网络资源的统一管理。

6.1.2　教学导航

通过本章的学习与实训，读者可以掌握 Windows Server 2016 操作系统平台上域控制器的搭建、管理与维护技能。教学导航如表 6-1 所示。

表 6-1　教学导航

章节重点	1）活动目录的概念，域、域树、域林的概念及其之间的关系； 2）域中组织单位、用户、计算机管理； 3）域中组策略配置与应用； 4）域树结构及搭建
章节难点	1）域中组织单位、用户、计算机管理； 2）域中组策略配置与应用
技能目标	1）能够完成 Windows Server 中域控制器的搭建、配置等工作任务； 2）能够完成域中组织单位、用户、计算机管理等工作任务； 3）能够完成组策略的配置及应用工作
知识目标	1）了解活动目录的概念，了解域、域树、域林的概念及其之间的关系； 2）掌握 Windows Server 中域控制器的搭建、配置等知识； 3）掌握组策略的配置及应用等知识
建议学习方法	通过教师的课堂演示，动手搭建 Windows Server 操作系统中的域控制器，配置组策略并应用在组织单位（或用户组）上，测试组策略是否成功

6.2　基础知识

6.2.1　活动目录

计算机中的文件是以目录的形式来组织的，这种形式非常方便信息的查找。活动目录与操作系统紧密地集成在一起，是一个全面的目录服务管理方案，具有良好的可扩充性。活动目录是动态的，是一种包含服务功能的目录，如查找到一个用户名，就可以找到它的账户、电子邮件地址等基本信息。不同的应用程序之间可以共享这些信息，提高了系统资源的利用效率。

活动目录包括两方面内容：目录和目录相关的服务。目录是存储各种对象的一个物理上的容器。在活动目录中保存了集中管理的网络中的共享资源信息，包括服务器、文件、打印机、网络用户和计算机账户等信息。目录服务是使目录中的所有信息和资源发挥作用的服务，如用户和资源管理、基于目录的网络服务、基于网络的应用管理。活动目录是分布式的目录服务，信息可以分散在多台不同的计算机上，保证用户能够快速访问。无论用户从何处访问或信息位于何处，都对用户提供统一的视图。

活动目录的逻辑单元包括对象和组织单位。

对象是活动目录中的信息实体。它是一组描述属性的集合，往往代表了有形的实体，如用户账户，一个用户账户的属性中可能包括用户姓名、电话号码、电子邮件地址和家庭住址等。用户账户、用户组、共享的打印机、共享的文件等都可以称为是活动目录中的对象。活动目录就是将这些对象按照一定的结构进行组织和管理。

组织单位是用户、组、计算机和其他对象（也可以包含其他的组织单位）在活动目录中的逻辑管理单元，就像文件夹下面可以包含子文件夹和文件一样。例如，某学院有计算机系、电子系等下属组织，在实际管理中，就可以将计算机系、电子系划分为该学院的两个组织单位。

6.2.2　域控制器

安装了活动目录的计算机称为域控制器。域控制器（Domain Controller，DC）是活动目录的存储位置。域控制器存储着目录数据并管理用户域的交互关系，其中包括用户登录过程、身份验证和目录搜索等。对于用户而言，只要加入并接受域控制器的管理，就可以"一次登录，全网使用"（不必在访问每个成员服务器时都要输入不同的账户密码），方便地访问活动目录提供的网络资源。对于管理员而言，通过对活动目录的集中管理就能够管理全网的资源。

6.2.3　域与工作组

域是网络中对计算机和用户的一种逻辑分组。在活动目录中，域就是一个或多个组织的管理单位，是一个网络安全边界，如图 6-1 所示。使用域管理计算机网络主要有两方面的含义。一是安全性。域就是一个逻辑上的安全边界，域控制器只对域内的计算机有管理权限，每个域都有自己的安全策略和与其他域之间的联系方式。二是网络管理。域可以使用组织单位管理账户和域中的计算机资源；创建多个域，每个域针对特定的用户群，管理员可以将目录分段或分区，从而更好地服务于不同的用户群。

工作组（WorkGroup）是网络中最常见、最简单、最普通的资源管理模式，可以将不同的计算机按功能分别列入不同的组中。组中的计算机是对等的，相互之间的资源访问需要不同的身份验证，如图 6-2 所示。

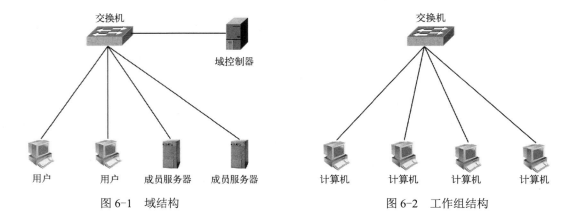

图 6-1　域结构

图 6-2　工作组结构

6.2.4　域、域树和域林

1. 域

网络中可以划分多个域，因此，必须给每个域取一个唯一的名称。Windows Server 2016 中的域采取与 DNS 集成的层次式名称命名，如 sdcet.cn、sdu.edu.cn、microsoft.com 等。域的示意图如图 6-3 所示。

2. 域树

域树由多个域组成，这些域共享同一表结构和配置，形成一个连续的名字空间。域树中的域通过信任关系连接起来。域树中的域层次越深级别越低，一个"."代表一个层次，如域 jsj.sdcet.cn 就比 sdcet.cn 这个域级别低，因为它有两个层次关系，而 sdcet.cn 只有一个层次。层次低的域称为子域，层次高的域称为父域，最高层次的域也称为根域。域树的示意图如图 6-4 所示。

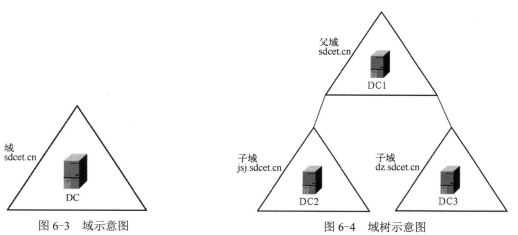

图 6-3　域示意图

图 6-4　域树示意图

域树中的域是通过双向可传递的信任关系连接在一起的，因此在域树或树林中新创建的域可以立即与域树或树林中每个其他的域建立信任关系。这些信任关系允许单一登录过程，在域树或域林中的所有域上对用户进行身份验证，但这不一定意味着经过身份验证的用户在域树的所有域中都拥有相同的权利和权限。因为域是安全界限，所以必须在每个域的基础上为用户指派相应的权限。

3．域林

域林由一个或多个没有形成连续名字空间的域树组成，如域树 sdcet.cn 和域树 xyz.com 可组成一个域林。域林中的所有域树仍共享同一个表结构、配置和全局目录。域林的示意图如图 6-5 所示。

域林与域树最明显的区别就在于这些域树之间没有形成连续的域名空间，而域树则是由一些具有连续域名空间的域组成的。域林中的所有域树建立信任关系后，不同域树就可以交叉引用其他域树中的对象。域林都有根域，域林的根域是域林中创建的第一个域，域林中所有域树的根域与域林的根域建立可传递的信任关系。

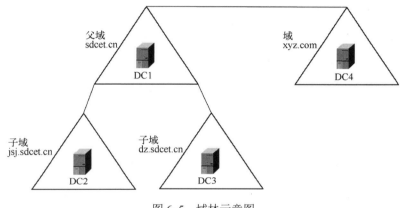

图 6-5　域林示意图

6.3　工作任务 14——Windows 中域控制器的搭建

工作任务 14

6.3.1　任务目的

新星公司原有的网络架构是基于工作组模式的，管理难度较大，网络管理越来越力不从心。因此，公司信息中心决心在网络中搭建域控制器，以实现域中计算机、用户、系统资源的统一管理。为此，新星公司申请了 sdcet.cn 域名。

6.3.2　任务规划

新星公司信息系统的 IP 地址规划在 192.168.100.0/24 网段上，规划域控制器与 DNS 服务器集成在一台物理服务器上，IP 地址为 192.168.100.10。域控制器与 DNS 安装完成后，要能够管理域中的用户及计算机，应用组策略实现禁止计算机运行某个程序、实现用户桌面映射到域中固定成员服务器上。

6.3.3　活动目录的安装步骤

以管理员账户登录到 IP 地址为 192.168.100.10 的计算机上，设置 DNS 服务器的 IP 地址为 192.168.100.10，计算机名改为 dc1。在桌面上依次单击"开始"→"服务器管理器"，打开"服务器管理器·仪表板"。

1）在"服务器管理器·仪表板"中单击"添加角色和功能"节点。打开"添加角色和功能向导"对话框，单击"下一步"按钮，打开"选择安装类型"界面，选择"基于角色或基于功能的安装"单选按钮。

2）单击"下一步"按钮，打开"选择目标服务器"界面，选择"从服务器池中选择服务器"→"WIN2016"。单击"下一步"按钮，打开"选择服务器角色"界面，勾选"Active Directory 域服务"复选框，弹出"添加角色和功能向导"对话框，保持默认设置，单击"添加功能"按钮，如图 6-6 所示。

3）返回"添加角色和功能向导"界面，其他保持默认设置，系统开始安装活动目录服务，如图 6-7 所示。安装完成后，单击"关闭"按钮。

图 6-6　选择服务器角色

图 6-7　安装活动目录服务

6.3.4　活动目录配置

活动目录安装完成后，返回"服务器管理器·仪表板"。单击"服务器管理器·仪表板"右上角的"通知"图标，单击"通知"区域的"将此服务器提升为域控制器"，如图 6-8 所示。

1）打开"Active Directory 域服务配置向导"的"部署配置"界面，选择"添加新林"单选按钮，并在"根域名"文本框中输入"sdcet.cn"，如图 6-9 所示。

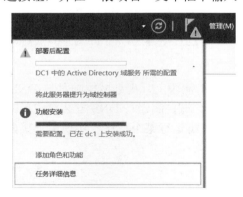

图 6-8　"通知"区域

图 6-9　部署配置

2）单击"下一步"按钮，打开"域控制器选项"界面，在"林功能级别""域功能级别"下拉列表中，有多个不同的 Windows 服务器版本选项，可以保持默认设置。指定域控制器功能部分，由于本机尚未安装 DNS，因此勾选"域名系统（DNS）服务器"复选框；林中的第一个域控制器必须是全局编录服务器，默认勾选"全局编录"复选框，如图 6-10 所示。

3）单击"下一步"按钮，打开"DNS 选项"界面，由于此时尚未安装 DNS，系统可能会有提示，保持默认设置，如图 6-11 所示。

图 6-10　域控制器选项　　　　　　　　　　　　　　图 6-11　DNS 选项

4）单击"下一步"按钮，打开"其他选项"界面，系统自动检测本机 NetBIOS 域名，并自动填入文本框，保持默认设置，如图 6-12 所示。

5）单击"下一步"按钮，打开"路径"界面，指定活动目录数据库文件夹、日志文件文件夹和 SYSVOL 文件夹的存储位置，这些文件夹必须存放在 NTFS 文件系统的分区上，如图 6-13 所示。

图 6-12　其他选项　　　　　　　　　　　　　　　　图 6-13　路径

6）单击"下一步"按钮，打开"查看选项"界面，检查配置是否符合需求，如图 6-14 所示。如无误，单击"下一步"按钮，系统将自动检测安装域控制器条件是否具备。如条件具备，单击"安装"按钮。域控制器配置完成后，根据提示重新启动系统。

7）重启后进入登录界面，如果以域用户登录系统，用户名为 NetBIOS 域名\域用户名，如图 6-15 所示。如果以其他用户登录系统，单击登录界面左下角的"其他用户"，输入用户名、密码之后登录。

图 6-14　查看选项　　　　　　　　图 6-15　域管理员登录

6.3.5　域中添加用户、计算机

域的管理层级为"组织单位-组-用户、计算机",也可以简化为"组织单位-用户、计算机"。这样就可以在组织单位或组上实施组策略,实现对域中用户及计算机的管理。

1)以域管理员身份登录域控制器,单击"服务器管理器·仪表板"左侧导航窗格中的"本地服务器",单击计算机名 dc1,打开"系统属性"对话框,可以看到计算机的全名为 dc1.sdcet.cn,如图 6-16 所示。

2)单击"服务器管理器·仪表板"右上角的"工具"菜单,选择"Active Directory 用户和计算机"命令,打开"Active Directory 用户和计算机"控制台。在"Active Directory 用户和计算机"控制台中可以对组织单位、组、用户及计算机进行管理,如图 6-17 所示。

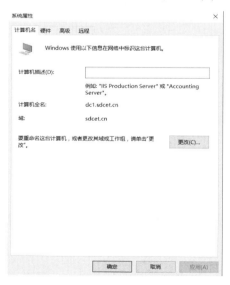

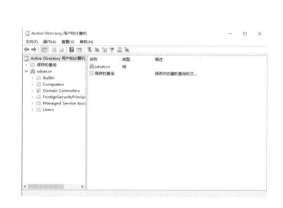

图 6-16　域控制器计算机名　　　　图 6-17　Active Directory 用户和计算机

1. 新建组织单位、用户

1)打开"Active Directory 用户和计算机"控制台,右击左侧导航窗格的域"sdcet.cn",在弹出的菜单中选择"新建"→"组织单位"命令,如图 6-18 所示。

2)打开"新建对象—组织单位"对话框,在"名称"文本框中输入组织单位名称

"teacher"。"防止容器被意外删除"复选框保持默认勾选状态，以保证组织单位不被移动和删除，如图 6-19 所示。单击"确定"按钮，完成组织单位创建。

图 6-18　新建组织单位　　　　　　　　　图 6-19　设置组织单位名称

3）打开"Active Directory 用户和计算机"控制台，右击左侧导航窗格中的组织单元"teacher"，在弹出的菜单中选择"新建"→"用户"命令，打开"新建对象—用户"对话框。在各文本框中输入用户信息，如图 6-20 所示。该对话框提示用户有两种登录计算机的名称写法，分别为 liming@sdcet.cn 及 SDCET\liming。使用这两种写法都可以登录域中的计算机。

2．新建计算机、并将计算机加入域

1）打开"Active Directory 用户和计算机"控制台，右击左侧导航窗格中的组织单元"teacher"，在弹出的菜单中选择"新建"→"计算机"命令，打开"新建对象—计算机"对话框。在"计算机名"文本框中输入成员服务器的 NetBIOS 名称"client"，如图 6-21 所示。

图 6-20　新建域用户　　　　　　　　　　图 6-21　新建计算机

2）默认域管理员可以将该计算机加入到域，如果让域用户也能将计算机加入到 teacher 组织单位，则单击"更改"按钮，打开"选择用户和组"对话框，在文本框中输入域用户名

"liming"，如图 6-22 所示。依据提示将 client 计算机加入到组织单位 teacher。

3）使用管理员账户登录测试计算机，将计算机名更改为 client，让 client 能够与域控制器正常通信。本例中 client 计算机采用 Windows 7 操作系统，右击"计算机"图标，在弹出的菜单中选择"属性"命令，打开系统属性对话框，更改计算机所属域，输入"sdcet.cn"，如图 6-23 所示。

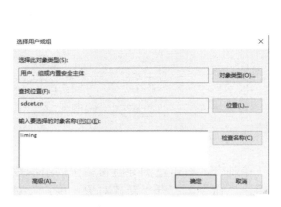

图 6-22　更改用户

图 6-23　加入域 sdcet.cn

4）单击"确定"按钮后，弹出身份认证对话框，输入域控制器创建计算机时更改的用户名及密码，如图 6-24 所示。

5）单击"确定"按钮，系统提示重启。重新启动系统后，用域用户账户 liming@sdcet.cn 及密码登录成员服务器，如图 6-25 所示。进入系统后，重新打开系统属性对话框，可以看到计算机名已经更改为 client.sdcet.cn 了。

图 6-24　加入域凭证

图 6-25　域用户登录成员服务器

域中用户及计算机，可以通过用户及计算机的快捷菜单命令实现简单的管理。但域统一管理远远不止这几点简单的管理，更强大的功能体现在组策略对用户及计算机的应用。

6.3.6　创建组策略与测试

1．创建组策略

通过组策略可实现域中计算机、用户的统一管理。

1）单击"服务器管理器·仪表板"右上角的"工具"菜单，选择"组策略管理"命令，打开"组策略管理"控制台。在左侧导航窗格中依次展开"林"→"域"→"sdcet.cn"→"组策略对象"，右击"组策略对象"，在弹出的菜单中选择"新建"命令，如图 6-26 所示。

2）打开"新建 GPO"对话框，在"名称"文本框中输入组策略名"teacher's policy"，如图 6-27 所示。单击"确定"按钮，完成组策略创建。

图 6-26 "组策略管理"控制台

图 6-27 新建组策略

2. 创建计算机配置组策略并测试

新星公司要求域中的计算机不能运行 C:\Windows\system32\SnippingTool.exe 截图程序。

右击创建好的组策略"teacher's policy"，在弹出的对话框中选择"编辑"命令，打开"组策略管理编辑器"控制台。在左侧导航窗格中可以看到组策略共分两大类：计算机配置和用户配置。

1）在"组策略管理编辑器"控制台左侧导航窗格中，依次展开"计算机配置"→"策略"→"Windows 设置"→"安全设置"→"软件限制策略"，右击其中的"其他规则"，在弹出的菜单中选择"新建路径规则"命令，如图 6-28 所示。

2）打开"新建路径规则"对话框，在"路径"文本框中输入截图工具软件的完整路径"C:\Windows\system32\SnippingTool.exe"，如图 6-29 所示。

图 6-28 "组策略管理编辑器"控制台

图 6-29 新建软件限制路径规则

3）组策略编辑完成后，返回"组策略管理"控制台，在左侧导航窗格中依次展开"林"→"域"→"sdcet.cn"→"teacher"，右击"teacher"，在弹出的菜单中选择"链接现有 GPO"命令，如图 6-30 所示。

4）打开"选择 GPO"对话框，选择刚才创建的"teacher's policy"组策略，如图 6-31 所示。单击"确定"按钮，将 teacher's policy 组策略应用到 teacher 组织单位。

图 6-30　新建链接 GPO

图 6-31　链接现有 GPO

5）以域用户账户登录成员服务器 clinet，打开命令行窗口，输入命令"gpupdate /force"强制更新域中成员的组策略。试图打开 clinet 中的 C:\Windows\system32\SnippingTool.exe 截图工具软件时，系统会报错，如图 6-32 所示。

图 6-32　组策略阻止程序运行

3．创建用户配置组策略并测试

新星公司要求域用户的桌面要重定向到域中 192.168.100.10 主机上。

以管理员身份登录域中 192.168.100.10 主机，创建"liming'desktop"文件夹。将该文件夹共享，共享权限为 Everyone 完全控制，如图 6-33 所示。将域用户 liming 加入 Everyone 用户组，确保域用户对"liming'desktop"文件夹有读写权限。

1）打开"组策略管理"控制台，右击创建好的组策略"teacher's policy"，在弹出的菜单中选择"编辑"命令，打开"组策略管理编辑器"控制台。在左侧导航窗格中依次展开"用户配置"→"策略"→"Windows 设置"→"文件夹重定向"→"桌面"，右击"桌面"，在弹出的菜单中选择"属性"命令，如图 6-34 所示。

图 6-33　设置共享文件夹权限　　　　　　　　　　图 6-34　组策略用户配置

2）打开"桌面属性"对话框，在"根路径"文本框中输入"\\192.168.100.10\liming'desktop"，如图 6-35 所示。单击"确定"按钮，完成用户配置组策略编辑。

3）以域用户 liming@sdcet.cn 登录域中计算机，在桌面上创建几个文件，然后在资源管理器中访问\\192.168.100.10\liming'desktop文件，检查桌面内容与共享文件夹中的内容是否一致，如图 6-36 所示。

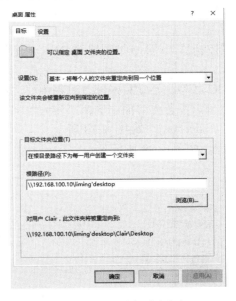

图 6-35　设置桌面重定向　　　　　　　　　　　图 6-36　测试桌面重定向

4）如果测试不成功，打开 client 成员服务器的命令行窗口，输入命令"gpupdate /force"强制更新域中成员的组策略，或重启计算机以更新组策略。

6.3.7 拓展与提高

随着新星公司业务发展，公司规模越来越大，公司结构也越来越复杂。单纯一个域的管理已经远远不能满足公司信息系统管理需求。因此，公司信息中心规划了如图 6-37 所示的域管理结构。

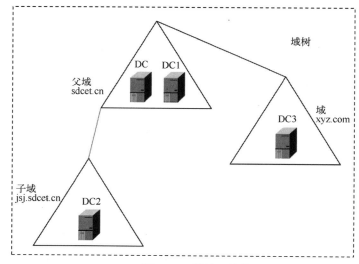

图 6-37　域管理结构

新星公司在原有域控制器 DC（sdcet.cn）的基础上，为了保证域控制器冗余，计划搭建附加域控制器 DC1。公司开设了分支机构 jsj，计划搭建子域控制器 DC2（jsj.sdcet.cn）。新星公司计划收购 xyz 公司，欲将 xyz 公司的域控制器 DC3（xyz.com）纳入到公司管理。

1. 搭建附加域控制器 DC1

按照第 6.3.3 节和第 6.3.4 节所示方法搭建 DC 域控制器，DC 域控制器的 DNS 地址要指向 DC、DC1、DC2、DC3，其他域控制器亦然。

1）搭建附加域控制器 DC1 的过程基本与搭建 DC 相似。活动目录配置过程中要注意以下方面：在"Active Directory 域服务配置向导"的"部署配置"界面中选择"将域控制器添加到现有域"单选按钮，在"域"文本框中输入域名"sdcet.cn"，如图 6-38 所示。

2）单击"更改"按钮，设置部署操作所需的凭证，如图 6-39 所示。

图 6-38　部署配置

图 6-39　设置操作凭证

3）其他保持默认设置，在"其他选项"界面的"复制自"下拉列表框中选择域中已有的域控制器"dc.sdcet.cn"，如图 6-40 所示。

4）附加域控制器配置完成后，单击"服务器管理器·仪表板"右上角的"工具"菜单，选择"Active Directory 用户和计算机"命令，打开"Active Directory 用户和计算机"控制台，在左侧导航窗格中展开，可以查看当前域中的域控制器，如图 6-41 所示。

图 6-40　域控制器复制来源　　　　　　　　图 6-41　同一域中的两个域控制器

2. 搭建子域域控制器

搭建附加域控制器 DC2 的过程基本与搭建 DC 相似。活动目录配置过程中要注意以下方面：在"Active Directory 域服务配置向导"的"部署配置"界面中选择"将新域添加到现有林"单选按钮，域类型选择"子域"，父域名输入"sdcet.cn"，新域名输入"jsj"，单击"更改"按钮增加操作凭证，如图 6-42 所示。其他保持默认设置，完成子域配置。

打开"Active Directory 域和信任关系"控制台，可以查看父域 sdcet.cn 和子域 jsj.sdcet.cn 的信任关系，如图 6-43 所示。

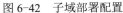

图 6-42　子域部署配置　　　　　　　　　图 6-43　父域与子域信任关系

3. 搭建域树中其他域

搭建附加域控制器 DC3 的过程基本与搭建 DC 相似。活动目录配置过程中要注意以下方面：在"Active Directory 域服务配置向导"的"部署配置"界面中选择"将新域添加到现有林"单选按钮，域类型选择"树域"，林名称输入"sdcet.cn"，新域名输入"xyz.com"，单击"更改"按钮增加 sdcet.cn 域管理员账户及密码，如图 6-44 所示。其他保持默认设置，完成 xyz.com 域配置。

打开"Active Directory 域和信任关系"控制台，可以查看域 sdcet.cn 和域 xyz.com 的关系，如图 6-45 所示。

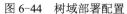

图 6-44　树域部署配置

图 6-45　域之间的信任关系

6.4　本章总结

域作为一种网络管理形式非常重要，尤其在大型网络中。网络管理员要掌握 Windows Server 2016 系统中域控制器的安装、配置、用户及计算机管理、组策略配置与应用等基本工作技能。本章重点内容如下。

1）活动目录的基本概念、域控制器的基本概念；域、域树、域林的基本概念。

2）域控制器配置。

3）域中组织单位、用户、计算机管理。

4）组策略配置与应用。

5）搭建一棵域树。

6.5　习题与实训

一、填空题

1．活动目录包括两方面内容：_____和_____。

2．活动目录的逻辑单元包括_____和_____。

3．用户只要加入并接受域控制器的管理，就可以"_____，_____"，方便地访问活动目录提供的网络资源。

4．域是网络中对计算机和用户的一种逻辑分组。域就是一个或多个组织单元管理单位，是_____。

5．域树由多个共享同一表结构和配置的域组成，形成一个_____。

6．强制更新组策略，可以在命令提示符下输入命令"_____"，然后按〈Enter〉键。

二、简答题

1．什么是活动目录？

2．简述域树中的信任关系。

3．什么是域林？

4．域林和域树有什么区别？

5．附加域控制器有什么作用？

6．如何管理 Active Directory 的用户和计算机？

7．如何查看域的信任关系？

三、实训——Windows Server 下域控制器的配置

实训目的：掌握 Windows Server 下域控制器的安装、配置；掌握组织单位、用户、计算机的管理方法；掌握组策略配置、应用与测试。

实训环境：网络环境中装有 Windows Server 2016 操作系统的计算机。

实训步骤：

1）域控制器规划：IP 地址的范围为 192.168.21.10、子网掩码为 255.255.255.0、网关地址为 192.168.21.2、DNS 地址为 192.168.21.10，域名为 xyz.com，计算机名为 controller。

2）添加域用户 xiaoming，该账户作为计算机 sd 加入域的凭证。

3）添加组织单元 student，将用户 xiaoming 加入到组织单元 student。

4）将计算机 sd 加入到域 xyz.com。

5）配置组策略，要求实现域中计算机统一安装软件（火狐浏览器），要求用户登录时间为 8:00—12:00。

6）应用组策略。

7）域用户登录成员服务器，验证以上组策略。

8）撰写实训报告。

第7章 实现文件传输协议——FTP 服务器

FTP（File Transfer Protocol，文件传输协议）是专门用于文件传输的一种协议，是互联网中应用非常广泛的服务之一。它实现了服务器与客户机之间文件交流的功能，是一种网络中经常采用的资源共享方式。FTP 服务与 NFS、Samba 相比，其是跨平台的服务，即在一个操作系统平台搭建 FTP 服务，其他平台上的用户都可以访问该服务器。

7.1 学习情境设计

7.1.1 学习情境导入

新星公司因业务需要，员工经常在网络中共享一些业务资料。公司之前搭建了 NFS 服务以解决 Linux 系统之间的共享，搭建了 Samba 服务解决 Linux 与 Windows 系统之间的共享。

考虑到公司信息系统在发展的过程中，可能会出现其他的操作系统，因此公司信息中心决定搭建 FTP 服务，解决跨操作系统平台数据共享的问题。在一个操作系统上搭建 FTP 服务，其他平台的操作系统用户都可以访问 FTP 服务。

7.1.2 教学导航

通过本章的学习与实训，读者可以掌握 Linux、Windows Server 两大主流操作系统平台 FTP 服务器的搭建、管理与维护技能。教学导航如表 7-1 所示。

表 7-1 教学导航

章节重点	1）FTP 的工作原理，主动模式、被动模式； 2）FTP 服务的基本配置：FTP 服务的匿名访问、本地用户访问，权限设置，用户管理
章节难点	FTP 服务的权限设置、用户管理
技能目标	1）能够完成 Linux 中 FTP 服务器搭建、管理与测试等工作任务； 2）能够完成 Windows Server 中 FTP 服务器搭建、管理与测试等工作任务
知识目标	1）了解 FTP 工作原理，了解 FTP 的工作模式：主动模式、被动模式； 2）掌握 FTP 用户及权限的管理知识； 3）掌握 Linux 中 FTP 服务器搭建、管理与测试； 4）掌握 Windows Server 中 FTP 服务器搭建、管理与测试
建议学习方法	通过教师的课堂演示，动手实际搭建 Linux、Windows Server 操作系统下的 FTP 服务器，正确登录 FTP 服务及测试 FTP 服务的上传、下载功能。可分组学习，一部分同学搭建 FTP 服务，另一部分同学通过客户端访问、测试

7.2 基础知识

7.2.1 FTP 服务简介

FTP 定义了一个在远程计算机系统和本地计算机系统之间传输文件的标准，能够工作在

Windows、Linux 及 UNIX 等操作系统中，实现跨平台的文件传输服务。

FTP 运行在 OSI 模型和 TCP/IP 参考模型的应用层，并利用 TCP 协议在不同的主机之间提供可靠的数据传输。TCP 是一种面向连接的、可靠的传输协议，保证了 FTP 文件传输的可靠性。在实际的传输中，FTP 依赖 TCP 来保证数据传输的正确性，并在发生错误的情况下对错误进行相应的修正。FTP 在文件传输中还具有一个重要的特点，就是支持断点续传功能，这样做可以大幅度减少 CPU 和网络带宽的开销。

7.2.2 FTP 服务工作原理

FTP 采用客户机/服务器模型，和大多数的应用层协议不同，FTP 协议在客户机/服务器之间建立了两条通信链路，分别是控制连接和数据连接。控制连接主要负责传送在会话过程中用户发送的 FTP 命令和 FTP 服务器的响应信息；数据连接主要负责传输数据。

1. 控制连接

控制连接传递客户端的命令和服务器端对命令的响应。它使用服务器的 21 端口，其生存期是整个 FTP 会话时间，即生存期是指发起连接到断开连接为止。

2. 数据连接

数据连接用于传输文件和其他数据，它在需要数据传输时才建立，一旦数据传输完毕就关闭。每次使用的端口也不一定相同，并且数据连接可能是服务器端发起的连接，即主动模式，也可能是客户端发起的连接，即被动模式。

（1）主动模式（port mode）

在主动模式下，FTP 客户端随机开启一个大于 1024 的端口 N 向 FTP 服务器的 21 号端口发起连接，然后开放 N+1 号端口进行监听，并向服务器发出 PORT N+1 命令。服务器接收到命令后，会用其本地的 FTP 数据端口（通常是 20）来连接客户端的端口 N+1，进行数据传输。

在主动传输模式下，FTP 的数据连接和控制连接的方向是相反的，也就是说，客户端向服务器端发出 FTP 连接请求，服务器端向客户端发起一个数据传输的连接。客户端的连接端口是由服务器端和客户端通过协商确定的。主动模式示意图如图 7-1 所示。

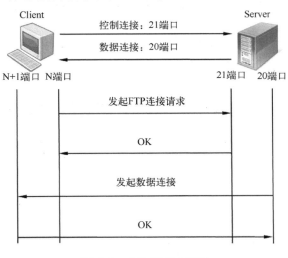

图 7-1　主动模式示意图

由于 N 端口可以随机指定，导致这种方案要求客户端的机器必须允许 FTP 服务器能够顺利地连接所有的端口，因此 FTP 客户端可能存在一定的安全隐患。

（2）被动模式（passive mode）

在被动模式下，FTP 客户端随机开启一个大于 1024 的端口 N 向服务器的 21 端口发起连接，同时会开启 N+1 号端口。然后向服务器发出 PASV 命令，通知服务器自己处于被动模式。服务器收到命令后，会开放一个大于 1024 的端口 P 进行监听，然后用 PORT P 命令通知客户端，自己的数据端口是 P。客户端收到命令后，会通过 N+1 号端口连接服务器的端口 P，然后在两个端口之间进行数据传输。

在被动传输模式下，FTP 的数据连接和控制连接的方向是一致的，也就是说，客户端向服务器端发出 FTP 连接请求，也是客户端向服务器发起一个用于数据传输的连接。被动模式示意图如图 7-2 所示。

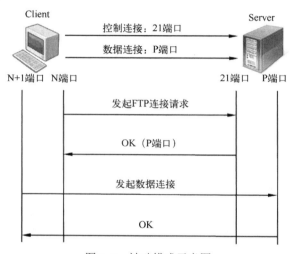

图 7-2　被动模式示意图

由于 FTP 服务器随机开放大于 1024 的 P 端口允许客户机连接，因此被动模式对于服务器来说存在一定安全隐患。

当客户机连接某一个 FTP 服务器失败时可以试着修改 FTP 客户端工具配置，改变传输模式，或许能够连接成功。

工作任务 15

7.3　工作任务 15——Linux 中 vsFTP 服务器的搭建

vsFTP 是一个基于 GPL 发布的 FTP 服务器软件，其软件名称中的 vs 是 "very secure" 的缩写，可以看出该软件编写者的初衷就是保障代码的安全性，当然，除安全性更强外，高速和稳定也是 vsFTP 的特色。

7.3.1　任务目的

新星公司在开展业务过程中，员工经常需要共享一些业务资料。该公司信息系统接入的主机采用 Windows、Linux 等操作系统，因此，新星公司决定搭建一个平台实现跨平台的资源共享。

经过对多种资源共享服务的对比，该公司信息中心决定在 Linux 系统中搭建 vsFTP 服务器，实现跨平台的资源共享。

7.3.2　任务规划

新星公司信息中心规划 FTP 服务器的 IP 地址为 192.168.100.10，公司员工以"sdcet"用户名能够登录 FTP 服务器，实现/ftp 目录中文件的下载、上传。不允许匿名用户登录 FTP 服务器。服务器平台采用 CentOS 7 系统。用户 sdcet 在登录 FTP 服务器时，显示"welcome to sdcet FTP site"。

7.3.3　vsFTP 服务的安装与启动

1．vsFTP 服务的安装

安装 DNS 服务之前，为服务器配置固定的 IP 地址 192.168.100.10，配置好 yum 源，关闭防火墙，关闭 SELinux，配置方法参考第 2 章中的内容。

在 CentOS 7 系统中 vsFTP 服务可以通过系统安装文件中自带的软件包进行安装。vsFTP 服务的守护进程为 vsftpd。可在终端执行以下命令，查看系统是否已经安装 vsftpd 软件包。

```
[root@localhost ~]# yum    list    installed|grep    vsftpd
```

如果没有安装 vsftpd 软件包，可使用 yum 命令安装 vsftpd 软件包。

```
[root@localhost ~]# yum    install    -y    vsftpd
```

2．vsFTP 服务的启动

（1）启动 vsftpd 服务的命令如下。

```
[root@localhost ~]# systemctl    start    vsftpd
```

（2）设置 vsftpd 服务开机自启动的命令如下。

```
[root@localhost ~]# systemctl    enable    vsftpd
```

7.3.4　认识 vsftpd 服务的配置文件

vsftpd 服务有三个主要的配置文件，其中/etc/vsftpd/vsftpd.conf 为主配置文件，/etc/vsftpd/ftpusers 和/etc/vsftpd/user_list 为用户管理文件。

1．/etc/vsftpd/vsftpd.conf

vsftpd.conf 是 vsftpd 服务的主配置文件，服务器的配置主要通过修改该文件完成。更改 vsftpd.conf 文件后，必须重启 vsftpd 服务才能使设置生效。

使用 vim 编辑器打开/etc/vsftpd/vsftpd.conf 文件。

```
[root@localhost ~]# vim    /etc/vsftpd/vsftpd.conf
```

其内容如下。

```
anonymous_enable=YES                    //允许匿名用户登录
local_enable=YES                        //允许本地用户登录
write_enable=YES                        //允许用户上传文件或目录
```

local_umask=022	//反掩码，用户新建目录权限 755、文件权限 644
dirmessage_enable=YES	//开启欢迎信息功能
xferlog_enable=YES	//开启日志功能
connect_from_port_20=YES	//设置主动模式的数据连接 20 端口
xferlog_std_format=YES	//设置日志格式
listen=NO	//no 代表要以 xinetd 守护进程启动
listen_ipv6=YES	//与 listen 参数不能同时为 YES
pam_service_name=vsftpd	//支持 PAM 模块的管理
userlist_enable=YES	//开启 user_list 用户管理文件
tcp_wrappers=YES	//由 tcp_wrappers 完成访问控制

vsftpd.conf 文件由若干配置选项组成，这些配置选项的值多为布尔值（YES 或 NO）。配置语句的语法格式均如下。

配置选项（参数）名称=参数值

为了便于理解，以下分类介绍相关的配置选项。

（1）匿名用户相关配置选项

登录 FTP 服务器的用户有匿名用户和本地用户之分，本地用户是在 CentOS 7 系统中的 /etc/passwd 文件中已有的用户。除了本地用户之外，任何用户都可以用匿名账户 anonymous（或 ftp）和密码（一个合法的邮件地址）登录，没有特殊规定。

为了保证 FTP 服务器的安全，匿名账户登录时可通过更改系统配置文件的方式来完成匿名用户的权限设置。

- anonymous_enable 选项用以控制是否允许匿名账户 anonymous 登录。若其值为 YES 表示允许匿名账户登录，若其值为 NO 表示不允许匿名账户登录，默认值为 YES。
- no_anon_password 选项。若允许客户端以匿名账户的身份登录服务器，此选项可控制匿名用户登录时是否不需要用户输入密码。YES 为不需要，NO 为需要，默认值为 NO，密码为任意值。
- anon_root 选项可设定匿名用户的根目录，即匿名用户登录后，被定位到此目录下。主配置文件中默认无此项，默认值为/var/ftp，一般不需要修改此值。
- anon_world_readable_only 选项用于控制是否只允许匿名用户下载可阅读文档。YES 为只允许匿名用户下载可阅读的文档，NO 为允许匿名用户浏览整个服务器的文件系统。默认值为 YES。
- anon_upload_enable 选项用于控制是否允许匿名用户上传文件。YES 为允许，NO 为不允许，默认值为 NO。除了这个选项，匿名用户想要上传文件，还需要两个条件：一是 write_enable 选项设为 YES；二是在文件系统上，FTP 匿名用户对某个目录拥有写权限。
- anon_mkdir_write_enable 选项用以控制是否允许匿名用户创建新目录。当其值为 YES 时，表示允许匿名用户在其主目录创建新的目录，NO 为不允许，默认值为 NO。在文件系统中，FTP 匿名用户必须对新目录的上层目录拥有写权限。
- anon_other_write_enable 选项用以控制匿名用户除上传和新建目录之外更改权限。YES 表示匿名用户对其主目录下的文件具有更改权限，可删除某个目录和文件，NO 表示不拥有更改权限，默认值为 NO。

（2）本地用户相关配置选项

在 FTP 服务的账户中，除了匿名用户外，还有一类在 FTP 服务器所属主机上拥有账户的用户，vsftpd 称此类用户为本地用户，本地用户保存在/etc/passwd 文件中，是 FTP 服务器中的真实用户。本地用户登录 vsFTP 服务器时，应输入本地用户名和用户名对应的密码，由本机确认用户名与密码是否对应。

- local_enable 选项用以控制 vsftpd 服务器的本地用户是否可以登录 vsftpd 服务器。默认值为 YES，表示可以使用 vsftpd 所在的 Linux 系统的用户登录到 FTP 服务器。若为 NO，则不允许本地用户登录。
- local_umask 选项用以设置本地用户上传文件、目录的反掩码值，文件、目录的最高权限减去反掩码就是本地用户上传文件、目录的权限。
- local_root 选项的作用是指定所有本地用户的根目录，当本地用户登录时，将被更换到此目录下。默认值为无，默认本地用户登录 FTP 服务器后，定位到自己的主目录。

（3）连接选项

1）连接设置选项。

- listen 选项设置 vsftp 服务器是否以独立服务模式运行，这时 listen 设置为 YES。若设置为 NO，则 vsftpd 不是以独立的服务运行，要受 xinetd 服务的管理控制，功能上会受限制。与 listen_ipv6 的值不能同时设置为 YES。
- listen_ipv6 与 listen 选项决定在 ipv4 环境还是在 ipv6 环境以独立服务器运行，不能同时为 YES。

2）连接限制选项。

- anon_max_rate 选项设置匿名用户所能使用的最大传输速度，单位为 bit/s。默认值为 0，表示没有速度限制。
- local_max_rate 选项设置本地用户所能使用的最大传输速度，单位为 bit/s。默认值为 0，表示不受限制。也可在用户个人配置文件中设置此选项，以指定该用户的最大数据传输速度。
- max_clients 选项设置 vsftpd 允许的最大连接数。默认值为 0，表示不受限制。若设置为 150 时，则同时允许有 150 个连接，超出的将拒绝建立连接。只有在以 standalone 模式运行时才有效。
- max_per_ip 选项设置每个 IP 地址允许与 FTP 服务器同时建立连接的数目。默认值为 0，表示不受限制。通常可对此选项进行设置，防止同一个用户建立太多的连接。只有在以 standalone 模式运行时才有效。

2．ftpusers 用户管理文件

该文件位于/etc/vsftpd 目录下。vsFTP 服务器禁止 ftpusers 文件中所列出的用户登录到 FTP 服务器。可以将这个文件理解为 vsFTP 服务器的黑名单，只要在这个名单上就不能登录该服务器。

使用 cat 命令将/etc/vsftpd/ftpusers 打开，默认情况下 ftpusers 文件的内容如下。

```
[root@localhost ~]# cat   /etc/vsftpd/ftpusers
#users that are not allowed to login via ftp              //以下用户不允许登录 FTP 服务器
root
```

......
nobody

从该文件中可以看到，为了保证 vsFTP 服务器的安全，超级管理员 root 及其他一些系统用户被禁止登录 vsFTP 服务器。

3．user_list 用户管理文件

该文件保存在/etc/vsftpd 目录下。该文件中用户是否能登录 vsFTP 服务器，决定于主配置文件/etc/vsftpd/vsftpd.conf 中的 userlist_enable 和 userlist_deny 两个配置选项。下面介绍这两个选项与 use_list 用户管理文件的关系。

（1）userlist_enable=YES|NO

userlist_enable=YES 时，vsftpd 将在 userlist_file 里读取用户列表，启用/etc/vsftpd/user_list 文件。文件中的用户能否访问 vsFTP 服务器取决于另一个选项 userlist_deny 的值。userlist_enable=NO 时，/etc/vsftpd/user_list 文件不起作用。

（2）userlist_deny=YES|NO

此选项的作用是决定是否不允许由 userlist_file 指定文件中的用户登录 FTP 服务器。若 userlist_deny 选项的值为 NO，则只允许在文件中的用户登录 FTP 服务器，即此时/etc/vsftpd/user_list 文件就是 vsFTP 服务器的白名单。若 userlist_deny 选项的值为 YES，表示禁止文件中的用户登录，同时也不向这些用户发出输入口令的提示。

默认情况下 user_list 文件的内容如下。

```
[root@localhost ~]# cat   /etc/vsftpd/user_list
root
bin
......
nobody
```

ftpusers 文件与 user_list 文件中的内容在默认情况下是相同的。

关于两个 vsFTP 用户管理文件，需要强调的是，ftpusers 比 user_list 的优先权高，当某用户同时在 ftpusers 文件和 user_list 文件中时，不论 userlist_deny 选项和 userlist_enable 选项为何值，都不允许该用户登录 vsFTP 服务器。

7.3.5　FTP 服务的配置

本任务的要求是能够以 sdcet 用户名登录 FTP 服务器，显示登录欢迎信息，实现/home/sdcet 目录中文件的下载、上传，并且不允许匿名用户登录 FTP 服务器。vsftpd 软件包安装完成之后，默认允许本地用户与匿名用户登录。可以按以下步骤操作。

1．添加本地用户 sdcet

```
[root@localhost ~]# useradd   sdcet                    //添加用户 sdcet
[root@localhost ~]# passwd   sdcet
```

2．创建目录/ftp，设置权限

```
[root@localhost ~]# mkdir   /ftp
[root@localhost ~]# chown   sdcet:sdcet   /ftp
```

3．设置欢迎信息文件

```
[root@localhost ~]#echo   "welcome to sdcet FTP site">/etc/vsftpd/welcome
```

4．修改主配置文件 vsftpd.conf

使用 vim 编辑器打开/etc/vsftpd/vsftpd.conf 文件，按以下格式修改，保存后退出。

```
[root@localhost ~]#vim   /etc/vsftpd/vsftpd.conf
anonymous_enable=NO                    //禁止匿名用户登录
local_enable=YES                       //允许本地用户登录
write_enable=YES                       //允许用户上传文件或目录
local_umask=022                        //反掩码，用户新建目录权限 755、文件权限 644
local_root=/ftp                        //设置本地用户登录目录
dirmessage_enable=YES                  //开启欢迎信息功能
banner_file=/etc/vsftpd/welcome        //设置欢迎信息文件
xferlog_enable=YES
connect_from_port_20=YES
xferlog_std_format=YES
listen=YES
listen_ipv6=NO
pam_service_name=vsftpd
userlist_enable=YES
tcp_wrappers=YES
```

FTP 服务器的最高目录权限是 777，文件的最高权限是 666。当 umask 选项的值是 022 时，意味着上传（或创建）目录的权限是 755，即最高权限减去反掩码的值；同样，上传（或创建）文件的权限是 644。

5．重启 vsftpd 服务

```
[root@localhost ~]# systemctl   restart   vsftpd
```

7.3.6 FTP 客户机测试

1．安装 FTP 客户机工具

在 CentOS 7 版本中，需要安装 FTP 客户机软件包才能使用 ftp 等命令。按以下方式安装该软件。

```
[root@localhost ~]# yum   -y   install   ftp
```

2．本地用户与匿名用户登录比较

安装完 vsftpd 之后，默认允许本地用户及匿名用户登录 FTP 服务器，但登录使用的账户、密码及登录的默认目录均有所不同，如表 7-2 所示。

表 7-2   本地用户与匿名用户登录比较

登录方式	登录用户名	登录密码	默认登录目录
本地用户	操作系统用户（如 sdcet）	操作系统用户密码	用户主目录（如/home/sdcet）
匿名用户	anonymous	合法邮件地址（如 11@11.com）	/var/ftp
	ftp	ftp	

3. ftp 客户机命令

在 Linux 终端命令窗口中，可以利用 ftp 客户机命令进行上传和下载操作。命令很多，都具有各自的功能，现仅介绍部分常用的内部命令，其功能如表 7-3 所示。

表 7-3　ftp 客户机命令

内　部　命　令	功　能　介　绍
?	列出 ftp 子命令
bye	退出 ftp 会话模式
delete file	删除 FTP 服务器中的文件
get remote-file [local-file]	将 FTP 服务器的文件 remote-file 下载至本地硬盘
cd [dir]	将本地工作目录切换至 dir
mkdir dir-name	在 FTP 服务器中建立目录
put local-file [remote-file]	将本地文件 local-file 上传至 FTP 服务器
pwd	显示服务器的当前工作目录
rename [from] [to]	更改 FTP 服务器文件

4. ftp 客户机测试

在用户 sdcet 主目录创建下载测试文件。

> [root@localhost ~]#touch　/ftp/1

创建上传测试文件。

> [root@localhost ~]#touch　q

登录 FTP 服务器，进行下载、上传测试。

```
[root@localhost ~]# ftp   192.168.100.10              //登录 FTP 服务
Connected to 192.168.100.10 (192.168.100.10).
220-"welcome to sdcet FTP site"                       //显示欢迎信息
220
Name (192.168.100.10:root): sdcet                     //输入用户名
331 Please specify the password.
Password:                                             //输入密码
230 Login successful.                                 //登录成功
Remote system type is UNIX.
Using binary mode to transfer files.
ftp> get 1 /home/1                                    //将文件 1 下载到/home 目录
local: /home/1 remote: 1
227 Entering Passive Mode (192,168,100,10,234,119).
150 Opening BINARY mode data connection for 1 (0 bytes).
226 Transfer complete.                                //下载完成
ftp> put q                                            //将本地文件 q 上传到服务器
local: q remote: q
227 Entering Passive Mode (192,168,100,10,234,47).
150 Ok to send data.
226 Transfer complete. .                              //上传完成
```

```
ftp> mkdir jn                                                    //在服务器上创建 jn 目录
257 "/ftp/jn" created                                           //目录创建完成
ftp> ls                                                          //列表显示
227 Entering Passive Mode (192,168,100,10,160,154).
150 Here comes the directory listing.
-rw-r--r--      1 0          0              0 Mar 28 10:37 1
drwxr-xr-x      2 1002       1002           6 Mar 28 10:40 jn
-rw-r--r--      1 1002       1002           0 Mar 28 10:40 q
226 Directory send OK.
ftp> bye                                                        //退出服务器
221 Goodbye.
```

可以看到列表显示的结果，上传文件的权限为 644，创建的目录权限为 755。

7.3.7　vsFTP 服务管理

1．查看 vsftpd 的运行状态

使用 ps 命令检查 vsftpd 进程。

```
[root@localhost ~]#ps   -ef|grep   vsftpd
```

使用 netstat 命令检查 vsftpd 服务开放的端口。

```
[root@localhost ~]# netstat   -nutap|grep   vsftpd
```

2．限制用户下载速度

由于 FTP 服务器带宽限制，管理员经常需要设置客户端的下载速度，可以通过修改主配置文件/etc/vsftpd/vsftpd.conf 实现。本地用户下载速度限制要在配置文件中增加以下配置。

```
local_max_rate= 409600          //默认单位为 B/s，本例限制本地用户最大下载速度为 400KB/s
```

如果要限制匿名账户的上传下载速度，可以在配置文件中增加以下配置。

```
anon_max_rate= 409600
```

重启 vsftpd 服务，配置生效。

3．限制最大连接客户端

如果连接服务器的客户端太多，可能会造成服务器性能下降，影响客户端的正常连接。因此，管理员往往需要要限制 vsftpd 服务器的最大连接客户端。需要在主配置文件/etc/vsftpd/vsftpd.conf 中增加以下配置。

```
max_clients=50                          //限制服务器最大连接客户端为 50 个
```

网络攻击者往往使用多线程攻击服务器。通过修改 vsftpd 服务器主配置文件/etc/vsftpd/vsftpd.conf 中的配置，可以限制同一 IP 地址的 FTP 连接数。

```
max_per_ip=2                            //限制每个 IP 地址只能有 2 个连接
```

工作任务 15
拓展与提高

7.3.8　拓展与提高

1．设置用户黑名单

vsftpd 服务器禁止/etc/vsftpd/ftpusers 文件中所列出的用户登录到 FTP

服务器，ftpusers 文件就是服务器的黑名单。通过以下方式进行黑名单测试。

1）创建本地测试用户 user1、user2，并设置用户密码。

```
[root@localhost ~]#useradd   user1                    //添加测试用户 user1
[root@localhost ~]#passwd   user1
[root@localhost ~]#useradd   user2                    //添加测试用户 user2
[root@localhost ~]#passwd   user2
```

2）使用 vim 编辑器打开/etc/vsftpd/ftpusers 文件，在末行添加 user1，保存后退出。

```
[root@localhost ~]#vim    /etc/vsftpd/ftpusers
```

3）使用 user1 用户登录 FTP 服务器进行测试。

```
[root@localhost ~]# ftp 192.168.100.10
Connected to 192.168.100.10 (192.168.100.10).
220-"welcome to sdcet FTP site"
220
Name (192.168.100.10:root): user1                    //输入用户名 user1
331 Please specify the password.
Password:                                            //输入用户 user1 的密码
530 Login incorrect.
Login failed.                                        //提示登录失败
```

4）使用 user2 用户进行对比测试。

```
[root@localhost ~]# ftp 192.168.100.10
Connected to 192.168.100.10 (192.168.100.10).
220-"welcome to sdcet FTP site"
220
Name (192.168.100.10:root): user2                    //输入用户名 user2
331 Please specify the password.
Password:                                            //输入用户 user2 的密码
230 Login successful.                                //提示成功登录
```

2．设置用户白名单

通过设置白名单，可以禁止名单之外的用户登录 vsftpd 服务器。/etc/vsftpd/user_list 可以设置为服务器的白名单文件。

1）创建测试用户 user3、user4，并设置用户密码。

```
[root@localhost ~]#useradd   user3                    //添加测试用户 user3
[root@localhost ~]#passwd   user3
[root@localhost ~]#useradd   user4                    //添加测试用户 user4
[root@localhost ~]#passwd   user4
```

2）修改主配置文件/etc/vsftp/vsftpd.conf，增加一个配置。

```
userlist_deny=NO
```

3）重启 vsftpd 服务。

```
[root@localhost ~]# systemctl   restart   vsftpd
```

4）使用 vim 编辑器打开/etc/vsftpd/user_list 文件，在末行添加 user3，保存后退出。

5）使用 user3 用户登录 FTP 服务进行测试。

```
[root@localhost ~]# ftp 192.168.100.10
Connected to 192.168.100.10 (192.168.100.10).
220-"welcome to sdcet FTP site"
220
Name (192.168.100.10:root): user3                    //输入用户名 user3
331 Please specify the password.
Password:                                            //输入用户 user3 的密码
230 Login successful.                                //提示成功登录
```

6）使用 user4 用户进行对比测试。

```
[root@localhost ~]# ftp 192.168.100.10
Connected to 192.168.100.10 (192.168.100.10).
220-"welcome to sdcet FTP site"
220
Name (192.168.100.10:root): user4                    //输入用户名 user4
530 Permission denied.
Login failed.                                        //直接拒绝登录
```

如果同一用户既出现在黑名单/etc/vsftpd/ftpusers 文件中，也出现在白名单/etc/vsftpd/user_list 文件中，系统将禁止该用户登录。感兴趣的读者可以自己测试用户既出现在黑名单，又出现在白名单的情况。

3．锁定本地用户主目录

使用本地用户登录 vsftpd 服务后，默认本地用户可以切换任意目录，这会给服务器带来极大的安全隐患。

如果不锁定本地用户的主目录，本地用户就可以任意浏览服务器的内容。如果本地用户权限足够大，还可以做其他事情。网络攻击者如果窃取了本地用户名和密码，那么对服务器安全来说无疑是灾难。

1）锁定用户主目录，需要修改主配置文件/etc/vsftpd/vsftpd.conf，增加 chroot_local_user、allow_writeable_chroot 配置。

```
[root@localhost ~]# vim    /etc/vsftpd/vsftpd.conf
anonymous_enable=NO
local_enable=YES                                     //允许本地用户登录
chroot_local_user=YES                                //锁定用户主目录
allow_writeable_chroot=YES                           //允许锁定目录后拥有写权限
write_enable=YES
local_umask=022
dirmessage_enable=YES
banner_file=/etc/vsftpd/welcome
xferlog_enable=YES
connect_from_port_20=YES
xferlog_std_format=YES
listen=YES
```

```
listen_ipv6=NO
pam_service_name=vsftpd
userlist_enable=YES
tcp_wrappers=YES
```

2）保存后退出，重启 vsftpd 服务。

```
[root@localhost ~]# systemctl   restart   vsftpd
```

3）以 sdcet 用户登录 FTP 服务器测试。

```
[root@localhost ~]# ftp 192.168.100.10
Connected to 192.168.100.10 (192.168.100.10).
220-"welcome to sdcet FTP site"
220
Name (192.168.100.10:root): sdcet                        //输入本地用户 sdcet
331 Please specify the password.
Password:                                                //输入密码
230 Login successful.                                    //提示成功登录
Remote system type is UNIX.
Using binary mode to transfer files.
ftp> cd /                                                //切换到根目录
250 Directory successfully changed.                      //提示成功切换
ftp> ls                                                  //列表查看
227 Entering Passive Mode (192,168,100,10,32,27).
150 Here comes the directory listing.                    //显示结果依然是/ftp 目录内容
-rw-r--r--      1 0          0          0 Mar 28 10:37 1
drwxr-xr-x      2 1002       1002       6 Mar 28 10:40 jn
-rw-r--r--      1 1002       1002       0 Mar 28 10:40 q
```

登录测试时，虽然提示成功切换到了根目录，但这个根目录实际上是用户共享目录/ftp，而不是系统的"/"目录，本地用户被成功地锁定在自己的主目录。

4. 实现匿名用户上传、下载

新星公司信息中心规划另外一台 FTP 服务器，为员工之间交换视频资料提供平台。服务器的 IP 地址为 192.168.100.10，公司员工可以匿名登录 FTP 服务器，匿名用户对/var/ftp/pub 目录有上传、下载权限。

1）更改/var/ftp/pub 目录权限。

为使匿名用户能够有足够的权限对/var/ftp/pub 目录进行读写操作，需要更改该目录的权限。

```
[root@localhost ~]# chmod   -R   757   /var/ftp/pub
```

或者更改目录的所有者为 ftp 用户，也可以实现匿名用户对该目录的读写操作。

```
[root@localhost ~]#chown   -R   ftp:ftp   /var/ftp/pub
```

以上两种操作选择一种即可。有读者可能尝试用匿名用户对/var/ftp 目录实现上传、下载，放开/var/ftp 目录权限，这样会导致匿名用户无法登录 FTP 服务器。因为，vsFTP 服务不允许匿名用户对根目录/var/ftp 进行上传。

2）修改主配置文件。使用 vim 编辑器打开/etc/vsftpd/vsftpd.conf 文件，按以下内容修改主配置文件，保存后退出。

```
[root@localhost ~]# vim   /etc/vsftpd/vsftpd.conf
anonymous_enable=YES                    //允许匿名用户登录
anon_upload_enable=YES                  //允许匿名用户上传文件
anon_mkdir_write_enable=YES             //允许匿名用户创建目录
anon_other_write_enable=YES             //匿名用户的其他写权限，如删除、更名等
anon_umask=022                          //匿名用户反掩码
local_enable=NO                         //拒绝本地用户登录
write_enable=YES                        //允许用户上传文件或目录
#local_umask=022
dirmessage_enable=YES
xferlog_enable=YES
connect_from_port_20=YES
xferlog_std_format=YES
listen=YES
pam_service_name=vsftpd
userlist_enable=YES
tcp_wrappers=YES
```

3）重启 vsftpd 服务。

```
[root@localhost ~]# systemctl   restart   vsftpd
```

4）匿名登录测试。以匿名用户 ftp、密码 ftp，或用户 anonymous、密码合法邮件地址登录 FTP 服务器，测试方法同第 7.3.6 节中本地用户上传、下载测试，在此不再赘述。

7.4 工作任务 16——Windows 中 FTP 服务器的搭建

工作任务 16

7.4.1 任务目的

新星公司在开展业务过程中，员工经常有一些资料需要备份，也需要共享一些业务资料。该公司信息系统接入的主机有许多采用 Windows 操作系统，还有一些主机采用其他操作系统，因此，新星公司决定搭建一个平台实现跨平台的数据备份、资源共享。

经过对多种资源共享服务的对比，该公司信息中心决定在 Windows Server 系统中搭建 FTP 服务器，实现跨平台的资源共享。

7.4.2 任务规划

新星公司信息中心规划 FTP 服务器的 IP 地址为 192.168.100.10，公司员工以 sdcet 用户名能够登录 FTP 服务器，实现 C:\ftproot 文件夹中文件的下载、上传。不允许匿名用户登录 FTP 服务器。服务器平台采用 Windows Server 2016 系统。用户 sdcet 在登录 FTP 服务器时，显示"welcome to sdcet FTP site"。

7.4.3 IIS 服务的安装步骤

在 Windows Server 2016 平台上，常见的 FTP 服务器软件（组件）有 IIS、Serv-U、Crob FTP Server、WS-FTP 等。Windows Server 2016 中的 FTP 服务由 IIS 提供。

以系统管理员身份设置服务器的 IP 地址为 192.168.100.10，主机名为 WIN2016，关闭防火墙。

1）在桌面上依次单击"开始"→"服务器管理器"，打开"服务器管理器·仪表板"。在"服务器管理器·仪表板"中单击"添加角色和功能"节点。打开"添加角色和功能向导"对话框，单击"下一步"按钮，打开"选择安装类型"界面，选择"基于角色或基于功能的安装"单选按钮。

2）单击"下一步"按钮，打开"选择目标服务器"界面，选择"从服务器池中选择服务器"→"WIN2016"。单击"下一步"按钮，打开"选择服务器角色"界面，勾选"Web 服务器（IIS）"复选框。单击"下一步"按钮，弹出"添加角色和功能向导"对话框，保存默认设置，单击"添加功能"按钮，如图 7-3 所示。

3）返回"添加角色和功能向导"对话框，单击"下一步"按钮，打开"选择角色服务"对话框，勾选"FTP 服务"复选框，如图 7-4 所示。其他保持默认设置，系统开始安装 IIS。

图 7-3 "选择服务器角色"界面　　　　图 7-4 "选择角色服务"界面

7.4.4 FTP 服务的配置

本任务的要求是能够以 sdcet 用户名登录 FTP 服务器，并显示登录欢迎信息，实现 C:\ftproot 文件夹中文件的下载、上传，并且不允许匿名用户登录 FTP 服务器。实现本任务可按以下步骤操作。

1. 创建 sdcet 用户

以管理员账户登录系统，在桌面上依次单击"开始"→"Windows 管理工具"，打开"管理工具"控制台。双击"计算机管理"，打开"计算机管理"控制台。在"计算机管理"控制台中，依次展开"本地用户和组"→"用户"，右击"用户"，在弹出的菜单中选择"新用户"命令，打开"新用户"对话框。在"新用户"对话框中输入用户名 sdcet、密码等信息，如图 7-5 所示。单击"确定"按钮，完成 sdcet 用户的创建。

2. 放开 ftproot 文件夹权限

在服务器的 C 盘下创建 ftproot 文件夹。为了保证 sdcet 用户能够上传、下载文件，C:\ftproot 文件夹必须对 sdcet 用户放开 NTFS 权限。

右击 ftproot 文件夹，在弹出的菜单中选择"属性"命令。打开"属性"对话框，选择"安全"选项卡，单击"编辑"按钮，打开"ftproot 权限"对话框。添加用户 sdcet，并将其权限设置为"完全控制"，如图 7-6 所示。

图 7-5　添加用户 sdcet

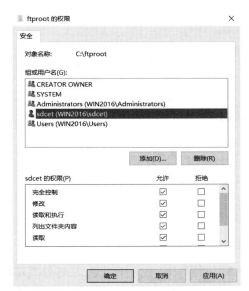

图 7-6　设置文件夹权限

3．FTP 站点配置

1）打开"服务器管理器·仪表板"，单击右上角的"工具"菜单，选择"Internet Information Services（IIS）管理器"命令，打开 IIS 控制台。在左侧导航窗格中展开"WIN2016"服务器。右击"网站"，在弹出的菜单中选择"添加 FTP 站点"命令，如图 7-7 所示。

2）打开"添加 FTP 站点"向导的"站点信息"界面，在"FTP 站点名称"文本框中输入"my-ftp-server"，在"物理路径"文本框中输入"C:\ftproot"，如图 7-8 所示。

图 7-7　IIS 控制台

图 7-8　输入 FTP 站点信息

3）单击"下一步"按钮，打开"绑定和 SSL 设置"界面。在"IP 地址"下拉列表框中选择"192.168.100.10"。SSL 设置需要申请一张服务器证书，本例没有 SSL 要求，因此选择"无 SSL"单选按钮，如图 7-9 所示。

4）单击"下一步"按钮，打开"身份验证和授权信息"界面。根据要求，身份验证勾选"基本"复选框，在授权允许访问下拉列表框中选择"指定用户"，并在其下的文本框中输入用户"sdcet"，权限勾选"读取"和"写入"复选框，如图 7-10 所示。单击"完成"按钮，完成 FTP 站点创建。

图 7-9　绑定 IP 地址　　　　　　　　　图 7-10　设置用户及权限

5）回到 IIS 控制台，在左侧导航窗格中依次展开"WIN2016"→"网站"→"my-ftp-server"，在控制台中间显示区域双击"FTP 消息"图标，打开"FTP 消息"设置界面，在"欢迎使用"文本框中输入"welcome to sdcet FTP site"，如图 7-11 所示。设置完成后，单击右上角"应用"按钮。

图 7-11　设置 FTP 消息

"横幅"指的是当用户连接 FTP 站点但尚未登录时显示的信息。"欢迎使用"指的是用户登录到 FTP 站点时显示的信息。"退出"指的是用户注销退出时显示的提示信息。"最大连接数"指的是当 FTP 站点有连接数量限制，而且当前连接数已经到达最高限值时，其后的连接用户所看到的提示信息。

7.4.5　FTP 客户机测试

1．资源管理器测试

使用资源管理器或浏览器可以登录 FTP 服务器，方法是在地址栏中输入 FTP 服务器的登录用户名、密码及 FTP 服务器的地址。

打开资源管理器，在地址栏中输入"ftp://sdcet:密码@192.168.100.10"，按〈Enter〉键。或者在资源管理器的地址栏中输入"ftp://192.168.100.10"，按〈Enter〉键后提示输入用户名及密码，如图 7-12 所示。单击"登录"按钮，就可以登录 FTP 服务器了。使用资源管理器登录 FTP 服务器后，可以使用复制、粘贴等文件操作命令实现文件的上传、下载。也可以在FTP 服务器上直接对文件夹或文件进行重命名或删除等操作。

2．命令行测试

打开命令行窗口，以 sdcet 用户身份登录 FTP 服务器，使用 ftp 命令测试 FTP 服务器。

```
C:\Users\Administrator>ftp 192.168.100.10
连接到  192.168.100.10。
220 Microsoft FTP Service
用户(192.168.100.10:(none)): sdcet                          //输入用户名
331 Password required
密码:                                                       //输入密码
230-welcome to sdcet FTP site                              //显示欢迎消息
230 User logged in.                                        //成功登录服务器
ftp>
```

图 7-12　登录 FTP 服务器

在 Windows 操作系统的命令提示符状态下，登录 FTP 服务器使用的命令与 Linux 文本状态登录 FTP 服务器所使用的命令相同。

读者可以用匿名用户身份登录 FTP 服务，测试能否拒绝登录。

7.4.6　FTP 服务的管理

在 IIS 控制台中，可以实现对 FTP 站点的所有管理。打开"服务器管理器·仪表板"，单击右上角的"工具"菜单，选择"Internet Information Services（IIS）管理器"命令，打开IIS 控制台。在左侧导航窗格中依次展开"WIN2016"→"网站"→"my-ftp-server"，在控制台中间区域显示所有 FTP 管理功能，如 IP 地址限制、SSL 设置、查看当前会话、防火墙设置、日志功能等，如图 7-13 所示。

例如，查看、管理当前连接，可以双击"FTP 当前会话"图标，打开"FTP 当前会话"界面，查看当前连接情况，也可以通过右键快捷菜单断开某一连接，如图 7-14 所示。

图 7-13　管理 FTP

图 7-14　管理当前连接

7.4.7　拓展与提高

1. 创建基于 IP 地址的匿名访问新 FTP 站点

创建 FTP 站点，IP 地址为 192.168.100.2，匿名用户可以实现对 C:\myftp 目录的上传与下载。

工作任务 16
拓展与提高

1）配置 IP 地址。给系统设置第二个 IP 地址 192.168.100.2，设置多个 IP 地址可参考第 1 章内容。

2）设置文件夹权限。在 C：盘下新建 myftp 文件夹，设置该文件夹的 NTFS 权限为 "Everyone" 完全控制。

3）新建 FTP 站点。

打开 "服务器管理器·仪表板"，单击右上角的 "工具" 菜单，选择 "Internet Information Services（IIS）管理器" 命令，打开 IIS 控制台。在左侧导航窗格中展开 "WIN2016" 服务器。右击 "网站"，在弹出的菜单中选择 "添加 FTP 站点" 命令，打开 "添加 FTP 站点" 向导。创建新 FTP 站点的方法与第 7.4.4 节所述方法基本相同。注意：绑定 IP 地址时需要选择的 IP 地址为 "192.168.100.2"，如图 7-15 所示；"身份验证和授权信息" 界面中勾选 "匿名" 复选框，在 "允许访问" 下拉列表框中选择 "匿名用户"，权限部分勾选 "读取" "写入" 复选框，如图 7-16 所示。

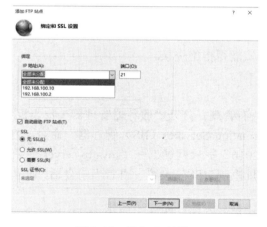

图 7-15　绑定 IP 地址

图 7-16　身份验证与授权

FTP 站点创建完成后，用匿名账户测试。在资源管理器或浏览器地址栏中输入"ftp://192.168.100.2"，按〈Enter〉键访问，不需要输入匿名账户名及密码。在命令行窗口中用匿名账户登录需要输入匿名账户名 ftp，密码 ftp。

2．创建域名访问的站点

若要创建域名访问的 FTP 站点，需要在 DNS 服务器上添加主机 A 记录，解析 FTP 主机。

打开 DNS 服务控制台，在左侧导航窗格中展开节点，在"正向查找区域"→"sdcet.cn"区域添加主机 A 记录 FTP 服务器的 IP 地址为 192.168.100.10。

创建 FTP 站点的方法与第 7.4.4 节所述方法相同。需要注意的是，在绑定 IP 地址时不需要勾选"启用虚拟主机名"复选框，否则用域名无法访问，如图 7-17 所示。

测试页面如图 7-18 所示。

图 7-17　绑定 IP 地址

图 7-18　域名访问

7.5　本章总结

FTP 服务是工作中经常用到的应用服务，如资源共享、数据备份等。网络管理员要掌握 FTP 服务的安装、配置与管理的基本工作技能。本章重点内容如下。

1）FTP 服务的基本概念。

2）FTP 服务的工作原理：主动模式与被动模式。

3）FTP 服务的权限问题。

4）配置 Linux 下的 FTP 服务，实现本地用户上传、下载。

5）配置 Linux 下的 FTP 服务，实现匿名用户上传、下载。

6）配置 Windows Server 下的 FTP 服务，实现本地用户上传、下载。

7）配置 Windows Server 下的 FTP 服务，实现匿名用户上传、下载。

7.6　习题与实训

一、填空题

1. FTP 的全称是_____，是_____层的协议。

2．FTP 客户端与服务器之间的连接可以分为_____和_____。

3．FTP 服务启用_____端口监听客户端的连接请求。

4．FTP 服务的工作模式可以分为_____、_____两种。

5．在 FTP 服务的主动模式下，服务器端使用_____端口传输数据。

二、选择题

1．以下文件中，属于 vsftpd 主配置文件的是_____。

    A．/etc/vsftpd/vsftpd.config   B．/etc/vsftpd/vsftpd.conf

    C．/etc/vsftpd/ftpusers   D．/etc/vsftpd/user_list

2．启动 vsftpd 服务的命令为_____。

    A．systemctl start vsftpd   B．systemctl start ftp

    C．/etc/rc.d/init.d/vsftpd restart   D．systemctl status vsftpd

3．若使用 vsftpd 的默认配置，下列哪个是匿名账户的默认宿主目录？_____

    A．/home/ftp   B．/var/ftp

    C．/home   D．/etc/vsftpd

4．在 vsftpd 的配置文件中，用于设置不允许匿名用户登录的参数选项是_____。

    A．no_anonymous_login=YES   B．anonymous_enable=NO

    C．local_enable=NO   D．no_anonymous_enable=YES

5．_____服务器能够在互联网上提供文件传输服务，常见的服务器软件（组件）有 Serv-U、Crob FTP Server、WS-FTP 等。

    A．FTP   B．Http   C．Telnet   D．SMTP

6．修改 vsftpd 主配置文件的_____参数选项，可实现 vsftpd 服务独立启动。

    A．listen=YES   B．listen=NO

    C．listen=TURE   D．listen_port=21

三、简答题

1．简述 FTP 服务器的工作过程。

2．简述 vsftpd 服务三个配置文件的作用和使用方式。

3．简述对 vsFTP 服务器而言，匿名用户与本地用户的区别。

4．简述创建 Windows Server 中 FTP 站点的步骤。

四、实训

1．Linux 下 vsFTP 服务器的配置

实训目的：掌握 vsFTP 的用户管理；掌握用户访问目录的设置；掌握用户访问权限的设置；掌握 vsFTP 客户端的登录以验证 vsFTP 的配置。

实训环境：网络环境中装有 CentOS 7 操作系统的计算机。

实训步骤：

第 1 步：vsFTP 服务器规划。本地用户与匿名用户都能登录；匿名用户可浏览与下载服务器的内容，而不能修改服务器的内容；匿名用户只能上传文件到/var/ftp/incoming 目录中；本地用户 bob 可向 FTP 服务器上传文件与下载文件，bob 可浏览 FTP 服务器的文件系统；在客户端验证 vsFTP 服务器配置的正确性。

第 2 步：进行配置。

1）安装 vsftpd 软件包。

2）创建本地用户 bob。

3）创建目录/var/ftp/incoming。

4）修改 incoming 目录的权限。

5）修改 vsFTP 服务器的主配置文件，使之满足以上条件。

6）重新启动 vsFTP 服务器。

7）在客户端分别用匿名用户和本地用户 bob 访问 vsFTP 服务器，验证服务器是否配置正确。

第 3 步：撰写实训报告。

2．Windows Server 下 FTP 服务器的配置

实训目的：掌握 Windows Server 2016 中 IIS 服务器的安装，熟悉 FTP 服务器的配置与管理。

实训环境：网络环境中装有 Windows Server 2016 操作系统的计算机。

实训步骤：

第 1 步：安装 IIS。

第 2 步：FTP 服务器配置与管理。

1）打开"Internet Information Services（IIS）管理器"控制台，创建基于 IP 地址访问的 FTP 站点，测试。

2）创建基于域名访问的 FTP 站点并测试。

3）设置限制用户最大连接数为 5 个客户端。

4）取消匿名访问，验证用户身份。

5）查看用户连接信息。

第 3 步：撰写实训报告。

第8章　丰富多彩的 WWW 世界——Web 服务器

Web 服务现在已经成为互联网上最热门的服务之一，它能够实现信息发布、资料查询、数据处理等应用，以便人们快速地完成各种信息交流。Web 服务是互联网必不可少的一部分。

8.1　学习情境设计

8.1.1　学习情境导入

新星公司规模不断扩大，在对外开展业务活动时，为了宣传企业形象及展示产品资料，公司领导层决定搭建 Web 服务器。目前市场上主流的 Web 服务器有 Nginx、Apache、微软 IIS。

新星公司已经在自己的 DNS 服务上解析了域名 www.sdcet.cn，Web 服务器平台考虑 CentOS 7 或者 Windows Server 2016。

8.1.2　教学导航

通过本章的学习与实训，读者可以掌握 Linux、Windows Server 两大主流操作系统平台 Web 服务器的搭建、管理与维护技能。教学导航如表 8-1 所示。

表 8-1　教学导航

章节重点	1）Web 服务的工作原理； 2）Linux 系统下 Apache 主配置文件的配置； 3）Linux 系统下 Nginx 主配置文件的配置； 4）Windows Server 系统下 IIS 配置 Web 服务器； 5）Web 服务器的测试
章节难点	1）Linux 系统下 Apache 主配置文件的配置； 2）Linux 系统下 Nginx 主配置文件的配置
技能目标	1）能够完成 Linux 中 Web 服务器搭建与测试等工作任务； 2）能够完成 Windows Server 中 Web 服务器搭建与测试等工作任务
知识目标	1）了解 Web 服务的工作原理； 2）掌握 Linux、Windows Server 中搭建、配置 Web 服务器的方法
建议学习方法	通过教师的课堂演示，动手搭建 Linux、Windows Server 操作系统下的 Web 服务器，实现 Web 服务。在 Linux、Windows Server 平台下进行 Web 测试

8.2　基础知识

8.2.1　HTTP

HTTP（HyperText Transfer Protocol，超文本传输协议）是由万维网协会（World Wide Web Consortium）和互联网工程任务组（Internet Engineering Task Force，IETF）合作制定

的。该协议用于从 Web 服务器传输超文本到本地浏览器，可以使浏览器显示更加高效，提高网络传输速度。它不仅能保证计算机正确、快速地传输超文本文档，还能确定传输文档中的哪一部分，以及哪部分内容首先显示（如文本先于图形）等。

HTTP 是一个应用层协议，由请求和响应构成，采用客户机/服务器模型。

8.2.2　Web 服务工作过程

Web 客户机运行客户端程序，即 Web 浏览器，其作用是响应用户的请求，解释并显示 Web 页面。Web 浏览器通过 HTTP 协议将用户请求传递给 Web 服务器。常用的客户端程序是浏览器（如 IE 等），用户可以在浏览器的地址栏内输入统一资源定位地址（Uniform Resource Locator，URL）来访问 Web 页面。Web 服务器端运行的是服务器程序，其最基本的功能是侦听和响应客户端的 HTTP 请求，并向客户端发出请求的处理结果。客户机与服务器的通信过程如图 8-1 所示。

图 8-1　Web 服务器与客户机的通信过程

其具体通信过程如下。

1）Web 浏览器使用 HTTP 协议向一个特定的 Web 服务器发出 Web 页面请求。

2）若该服务器在特定端口（通常是 TCP 80 端口）处收到 Web 页面请求，就发送一个应答，并在客户端和服务器之间建立连接。

3）Web 服务器查找客户端所需文档。若 Web 服务器查找到客户端所请求的文档，则会将请求的文档传送给 Web 浏览器。若该文档不存在，则服务器会发送一个相应的错误提示，返回给客户端。

4）Web 浏览器接收到文档后，就将它显示出来。若接收到的是错误提示，也会将其显示在 Web 浏览器中。

5）当客户端浏览器请求得到应答后，断开与服务器的连接。

也就是说，在浏览某个网站的时候是每读取一个网页就建立一次连接，读完后立即断开；当需要另一个网页时重新连接。

Web 服务通常可以分为两类：静态 Web 服务和动态 Web 服务。在静态 Web 服务中，服务器只负责把已存储的文档发送给客户端浏览器，在此过程中传输的页面只有通过人工编辑修改后才会发生变化。而动态 Web 服务能够实现浏览器和服务器之间的数据交互。Web 服务器通过 CGI、ASP、PHP 和 JSP 等动态网站技术，向浏览器发送动态变化的内容。在此过程中，服务器根据客户端浏览器发出的不同请求，在服务器端执行程序，并将不同的结果发送给客户端。

8.3　工作任务 17——Linux 系统中 Apache 服务器的搭建

工作任务 17

8.3.1　任务目的

新星公司决定搭建 Web 服务器，展示公司形象及产品资料。因为 Linux 系统稳定、安全性较好，该公司信息中心决定在 Linux 系统中搭建 Apache 服务器。

8.3.2　任务规划

Linux 选择 CentOS 7 系统。Web 服务器 IP 地址为 192.168.100.10，在 DNS 服务器上已经将 www.sdcet.cn 解析到了 192.168.100.10。要求打开浏览器，在地址栏中输入"www.sdcet.cn"能够正确浏览网页。

另外，公司的 OA 系统也是基于 B/S 结构的，同样要部署到 Apache 服务器上。在 DNS 服务器上也已将 oa.sdcet.cn 解析到了 192.168.100.10。

8.3.3　Apache 的安装与启动

1. Apache 的安装

Linux 系统中一般采用 Apache 作为 Web 服务器软件，安装软件包为 httpd。

可以通过以下命令查询系统是否已安装了 Apache 软件包。

```
[root@localhost ~]# yum    list    installed|grep    httpd
```

如果没有安装 httpd 软件包，则配好 yum 源，使用 yum 命令安装。

```
[root@localhost ~]# yum    install    -y    httpd
```

2. Apache 的启动

1）启动 httpd 服务，其命令如下。

```
[root@localhost ~]# systemctl    start    httpd
```

2）设置 httpd 服务开机自启动，其命令如下。

```
[root@localhost ~]# systemctl    enable    httpd
```

8.3.4　认识 Apache 服务器的配置文件

对 Apache 服务器的配置，主要是通过编辑 Apache 的主配置文件 httpd.conf 来实现的，主配置文件在/etc/httpd/conf 目录下。httpd.conf 配置文件主要由三部分组成，分别是全局环境变量、主服务器配置和虚拟主机设置。

每个部分都有相应的配置语句，所有配置语句的语法均如下。

配置选项（参数）名称　参数值

尽管配置语句可以放在文件中的任何位置，但为了使文件具有更好的可读性，最好将配置语句放在相应的部分。

httpd.conf 文件中的每一行是一条配置语句，行末使用反斜杠"\"表示换行。注意反斜杠与下一行内容中间不能插入其他任何字符（包括空格符）。httpd.conf 的配置语句中所有的配置选项名称均不区分大小写，但参数值区分大小写。可以在配置语句前加"#"号表示将该配置语句注释掉。

在默认的 httpd.conf 文件中，对每条配置语句都有详细的解释，建议不熟悉配置方法的初学者先使用 Apache 默认的 httpd.conf 文件作为模板，再通过修改该文件完成设置。最好在开始修改之前先做好备份，以便做了错误的修改后可以还原。例如，将初始的 httpd.conf 文件复制到/home/etc 目录下，相关命令如下。

```
[root@localhost ~]# mkdir   /home/etc
[root@localhost ~]# cp   /etc/httpd/conf/httpd.conf   /home/etc/httpd.conf
```

下面介绍 httpd.conf 文件中几个常用的配置选项。

1）ServerRoot 选项用于设置服务器根目录的路径。

Apache 服务器根目录是指 Apache 存放配置文件和日志文件的目录，默认情况下根目录为/etc/httpd。根目录下一般包含 conf、logs、modules 等子目录。

```
ServerRoot   "/etc/httpd"
```

2）Listen 选项用于设置监听 IP 地址及端口号。

Apache 默认在本机所有可用 IP 地址的 TCP 80 端口上监听客户端的请求。

```
Listen   80
```

可以使用多个 Listen 语句在多个地址和端口上监听客户端请求。例如，设置服务器只监听来自 12.34.56.78 的 80 端口和 192.168.100.10 的 8080 端口，可以使用以下配置语句。

```
Listen   12.34.56.78:80
Listen   192.168.100.10:8080
```

一般将该选项的参数设为本服务器的某块网卡的 IP 地址及对应 Web 服务器的端口。

3）ServerAdmin 选项用于设置系统管理员的 E-mail 地址。

当客户端访问服务器发生错误时，服务器通常会向客户端返回错误提示网页，为了便于排除错误，这个网页中通常包含系统管理员的 E-mail 地址。可使用 ServerAdmin 选项设置管理员的 E-mail 地址，命令如下。

```
ServerAdmin   admin@sdcet.cn
```

4）ServerName 选项用于设置服务器主机名称。

该选项可使服务器识别自身的信息，如果服务器有域名，则将参数设为服务器域名，如果没有域名则输入服务器的 IP 地址，命令如下。

```
ServerName   www.sdcet.cn:8080
```

或者

```
ServerName   192.168.100.10:8080
```

5）DocumentRoot 选项用于设置主目录的路径。

该选项指定 Apache 服务器主目录的路径，默认为/var/www/html，需要发布的网页一般都放在这个目录下。为了方便管理和使用，也可以修改主目录路径。

```
DocumentRoot   "/var/www/html"
```

6）DirectoryIndex 选项用于设置默认文件。

默认文件是指在 Web 浏览器中输入 Web 站点的 IP 地址或域名即显示出来的 Web 页面，即通常所说的主页。在一般情况下，Apache 的默认文件名为 index.html，默认文件名由

DirectoryIndex 配置选项定义。用户也可以将 DirectoryIndex 的参数值修改为其他文件。

        DirectoryIndex　　index.html

如果设置多个默认文件，则各个文件之间要用空格分隔。Apache 会根据文件名的先后顺序查找在主目录路径下的文件名，如能找到第一个文件则调用第一个文件，否则再寻找并调用第二个文件，以此类推。

例如，添加 index.htm 和 index.jsp 作为默认文件，可以做如下修改。

        DirectoryIndex　　index.html　　index.htm　　index.jsp　　index.php

7）AddDefaultCharset 选项用于设置默认字符集。

该选项定义了服务器返回给客户机的默认字符集。Apache 默认字符集是 UTF-8，当客户端访问中文网页时会出现乱码现象。解决的办法就是将默认字符集改为 GB2312，命令如下。

        AddDefaultCharset　　GB2312

8）配置区域（容器）与访问控制语句< >…< />。

指定配置区域内不同对象的各种访问控制。常用的区域有以下两个。

- 目录（虚拟目录）区域：<Directory>…</Directory>。
- 虚拟主机区域：<VirtualHost>…</VirtualHost>。

9）Include 语句。配置文件中有"Include conf.modules.d/*.conf"语句，意味着加载 Web 服务器功能模块的配置文件可以放到/etc/httpd/conf.modules.d/目录下，只要文件以.conf 为扩展名都可以包含到主配置文件。/etc/httpd/conf.modules.d/目录一般用来保存 Apache 服务的功能模块。

"IncludeOptional　　conf.d/*.conf"语句表示/etc/httpd/conf.d/目录下以.conf 结尾的配置文件也可以包含到主配置文件。/etc/httpd/conf.d/目录一般用来保存虚拟主机配置文件。

8.3.5　Apache 服务器的配置步骤

1．设置服务 IP 地址

设置服务器 IP 地址为 192.168.100.10，关闭防火墙，关闭 SELinux，可参考第 2 章内容。

2．解析 WWW 与 OA 主机

配置 DNS 服务器将 www.sdcet.cn 的 IP 地址解析为 192.168.100.10，解析 oa.sdcet.cn 到 192.168.100.10，可参考第 4 章内容。

3．新建测试主页

使用以下命令创建测试主页。

```
[root@localhost ~]# mkdir   /var/www/sdcet
[root@localhost ~]# echo    "Welcome to www.sdcet.cn " > /var/www/sdcet/index.html
[root@localhost ~]# mkdir   /var/www/oa
[root@localhost ~]# echo    "Welcome to oa web " > /var/www/oa/index.html
```

4．修改配置文件

由于工作任务要求在一个 Apache 服务器上实现两个 Web 站点，可以考虑搭建多个虚拟主机的方式实现该工作任务，主配置文件中的内容不做修改。

```
[root@localhost ~]# touch   /etc/httpd/conf.d/sdcet.conf          //创建虚拟主机配置文件
[root@localhost ~]# vim   /etc/httpd/conf.d/sdcet.conf
<VirtualHost www.sdcet.cn:80>                                      //定义虚拟主机 www.sdcet.cn
        ServerName www.sdcet.cn:80                                 //定义虚拟主机名称
        ServerAdmin admin@sdcet.cn                                 //定义管理员邮箱
        DocumentRoot "/var/www/sdcet"                              //定义 Web 站点根路径
</VirtualHost>                                                     //定义容器结束
<Directory /var/www/sdcet>                                         //定义站点根路径属性
        DirectoryIndex   index.html                                //定义站点首页文件
        AllowOverride None                                         //.htaccess 文件将被忽略
        Require all granted                                        //允许所有请求访问资源
</Directory>                                                       //定义容器结束
[root@localhost ~]# touch /etc/httpd/conf.d/oa.conf
[root@localhost ~]# vim /etc/httpd/conf.d/oa.conf
<VirtualHost oa.sdcet.cn:80>
        ServerName oa.sdcet.cn:80
        ServerAdmin admin@sdcet.cn
        DocumentRoot "/var/www/oa"
</VirtualHost>
<Directory /var/www/oa>
        DirectoryIndex   index.html
        AddDefaultCharset   GB2312
        AllowOverride None
        Require all granted
</Directory>
```

5．重启 httpd

重启 httpd 服务，使配置生效。

```
[root@localhost ~]# systemctl restart httpd
```

8.3.6　Web 服务测试

在 Windows 7 中打开浏览器，分别在地址栏中输入"www.sdcet.cn"与"oa.sdcet.cn"，然后按〈Enter〉键，测试 Web 服务器，测试页面如图 8-2、8-3 所示。

图 8-2　第一个 Web 站点测试页面　　　　　图 8-3　第二个 Web 站点测试页面

8.3.7 拓展与提高

1. 创建虚拟目录

虚拟目录是位于 Apache 的主目录之外的目录，不包含在 Apache 的主目录中，但对于访问 Web 站点的用户而言，虚拟目录与位于主目录中的其他子目录是一样的。通过创建虚拟目录，可以在主目录以外的其他目录中发布 Web 页面文件。可以使用 Alias 选项创建虚拟目录，创建后用户就可以通过 Web 浏览器使用别名来访问虚拟目录了。

由于虚拟目录可以设置不同的访问权限，因此非常适用于不同用户对不同目录拥有不同权限的情况。此外，虚拟目录（别名）通常只有该用户知道，其他不知道虚拟目录名的用户无法访问。黑客一般也不知道虚拟目录的实际存放位置，因此安全性将大大提高。

下面以在 www.sdcet.cn 站点中创建虚拟目录为例，介绍操作方法。

```
[root@localhost ~]#mkdir    /var/resource
[root@localhost ~]# echo    "Alias Test" > /var/resoure/index.html
```

在配置文件中做以下修改。

```
[root@localhost ~]# vim /etc/httpd/conf.d/sdcet.conf
<VirtualHost www.sdcet.cn:80>
        ServerName www.sdcet.cn:80
        ServerAdmin admin@sdcet.cn
        DocumentRoot "/var/www/sdcet"
        Alias /resource /var/resource                    //定义虚拟目录
</VirtualHost>
<Directory /var/www/sdcet>
        DirectoryIndex    index.html
        AllowOverride None
        Require all granted
</Directory>
<Directory /var/resource>                                //定义路径属性
        Options Indexes MultiViews FollowSymLinks
        AllowOverride None                               //.htaccess 文件将被忽略
        Require all granted                              //允许所有请求访问资源
</Directory>
```

打开浏览器，测试 Web 服务器的虚拟目录，测试结果如图 8-4 所示。

图 8-4　测试 Web 服务器的虚拟目录

2. 设置目录属性

在配置文件中，使用<Directory>可以灵活地设置目录的权限。<Directory>是容器语句，必须成对出现。<Directory 目录路径>和</Directory>之间封装了设置目录权限的语句，这些语句仅对被设置的目录及其子目录起作用。下面是一个使用<Directory>设置目录权限的例子。

```
<Directory /var/resource>
        Options Indexes MultiViews FollowSymLinks
        AllowOverride None
        Require all granted
</Directory>
```

（1）AllowOverride 选项

在配置文件中，AllowOverride 选项是指明 Apache 服务器是否将.htacess 文件作为配置文件，其参数值包括 AuthConfig、FileInfo、Indexes、Limit、None、All 等。

基于安全和效率的考虑，虽然可以通过.htaccess 文件来设置目录的访问权限，但应尽量避免使用.haccess 文件。因此，一般将 AllowOverride 设置为 None，即禁止使用.htaccess 文件的设置。

```
AllowOverride    None
```

当将 AllowOverride 设置为 All 时，.htaccess 文件可以覆盖任何以前的配置。

（2）定义目录特性选项

在<Directory>语句中，可以使用 Options 来定义目录的特性，即设置某个目录使用哪些特性，这些特性包括 Indexes、MultiViews 和 FollowSymlinks 等。

- Indexes 特性表明目录允许"目录浏览"。当用户仅指定要访问的目录，但没有指定具体要访问目录下的哪个文件，而该目录下又不存在默认文件时，Apache 将以超文本形式返回该目录中的文件和子目录的列表。
- MultiViews 特性表明目录允许内容协商的多重视图。当用户需要访问的对象在目录中不存在时，Apache 将根据用户所访问对象的内容返回智能处理后的结果。例如，当用户访问 http://192.168.18.100/log/a 时，Apache 会查找 log 目录下的所有 a.*文件，假如该目录下存在 a.gif 文件，则 Apache 将返回 a.gif 文件至客户端，而不会返回错误信息。
- FollowSymlinks 特性表明允许在该目录下使用符号链接。

（3）实现访问控制

Apache 2.4 及以上的版本，目录的访问控制是通过 Require 语句实现的，这与之前的版本使用 allow 和 deny 语句实现访问控制不同。

允许所有访问请求。

```
Require   all   granted
```

拒绝所有访问请求。

```
Require   all   denied
```

只允许来自特定 IP 网段（或 IP 地址）的访问请求，其他请求将被拒绝。

```
Require   ip   192.168.100.0/24
```

拒绝来自特定 IP 网段（或 IP 地址）访问请求，但允许其他访问请求。

```
Require   all   granted
Require   not   ip   192.168.10.10
```

3．实现认证访问

httpd-tools 安装完成后，会生成 htpasswd 命令，使用该命令可以创建认证口令文件，向口令文件中添加 user1 用户。

```
[root@www ~]# yum   install   httpd-tools
[root@www ~]# htpasswd   -cm   /etc/httpd/conf/user.list   user1
New password:
Re-type new password:
Adding password for user user1
```

下面以 www.sdcet.cn 站点为例，使用 vim 编辑器修改站点配置文件。

```
[root@www ~]# vim   /etc/httpd/conf.d/sdcet.conf
<VirtualHost www.sdcet.cn:80>
        ServerName www.sdcet.cn:80
        ServerAdmin admin@sdcet.cn
        DocumentRoot "/var/www/sdcet"
</VirtualHost>
<Directory /var/www/sdcet>
        DirectoryIndex   index.html
        AllowOverride None
        AuthType Basic
        AuthName "auth"
        AuthUserFile /etc/httpd/conf/user.list
        Require user user1
</Directory>
```

使用浏览器测试限制用户访问的 Web 服务，测试结果如图 8-5 所示。

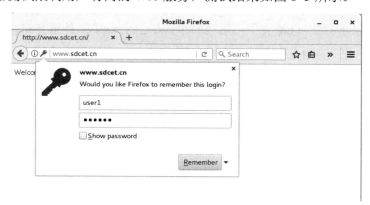

图 8-5　用户安全登录对话框

4．Apache 虚拟主机的配置

虚拟主机能够实现用一个 Web 服务器设置多个 Web 站点的功能。从而实现多用户对硬件资源和网络资源的共享，大幅度降低用户建立网站的成本。虚拟主机技术使得每一台虚拟主机都具有独立的域名和 IP 地址，并具有完整的 Web 服务器功能。各个虚拟主机之间是完全独立的，从外界来看，虚拟主机和独立主机的表现是完全一样的。

虚拟主机可以分为基于 IP 地址的虚拟主机、基于端口的虚拟主机、基于域名的虚拟主机。第 8.3.5 节的例子就是使用基于域名的虚拟主机实现的。其他两种虚拟主机的配置文件与第 8.3.5 节中的相同，需要指出的是，在实现基于端口的虚拟主机时，需要在主配置文件中增加 Listen 语句，指定监听端口，如下所示。

```
Listen    8000
Listen    8080
```

工作任务 18

8.4 工作任务 18——Linux 系统中 Nginx 服务器的搭建

8.4.1 任务目的

新星公司决定搭建 Web 服务器，展示公司形象及产品资料。因为 Linux 系统稳定、安全性较好，该公司信息中心决定在 Linux 系统中搭建 Nginx 服务器。

8.4.2 任务规划

Linux 选择 CentOS 7 系统。Web 服务器的 IP 地址为 192.168.100.10，在 DNS 服务器上已经将 www.sdcet.cn 解析到了 192.168.100.10。要求打开浏览器，在地址栏中输入"www.sdcet.cn"能够正确浏览网页。

8.4.3 Nginx 的安装与启动

1. Nginx 的安装

nginx 是一款高性能的 HTTP 服务器，由俄罗斯的程序设计师 Igor Sysoev 开发，能够支撑 5 万个并发链接，CPU、内存等资源消耗低，运行稳定。

配置好 IP 地址 192.168.100.10 及 DNS 地址，确保能够访问互联网。使用 rpm 命令下载并安装 Nginx。

[root@localhost ~]# rpm -Uvh http://nginx.org/packages/centos/7/noarch/RPMS/nginx-release-centos-7-0.el7.ngx.noarch.rpm

或者从 Nginx 官网下载 yum 源配置文件。文件内容如下。

[nginx-stable]
name=nginx stable repo
baseurl=http://nginx.org/packages/centos/$releasever/$basearch/
gpgcheck=1
enabled=1
gpgkey=https://nginx.org/keys/nginx_signing.key
module_hotfixes=true
[nginx-mainline]
name=nginx mainline repo
baseurl=http://nginx.org/packages/mainline/centos/$releasever/$basearch/

```
gpgcheck=1
enabled=0
gpgkey=https://nginx.org/keys/nginx_signing.key
module_hotfixes=true
```

Nginx 的 yum 源配好后，使用 yum 命令安装 Nginx。

```
[root@localhost ~]# yum    install    gcc-c++                          //安装 gcc 环境
[root@localhost ~]# yum    install    -y   nginx
```

也可以从官网下载安装压缩包，解压缩后安装，在此不再赘述。

2．Nginx 的启动

（1）启动 Nginx 服务，其命令如下。

```
[root@localhost ~]# systemctl    start    nginx
```

（2）设置 Nginx 服务开机自启动，其命令如下。

```
[root@localhost ~]# systemctl    enable    nginx
```

启动完成后，打开浏览器，在地址栏中输入服务器的 IP 地址，按〈Enter〉键，将显示 Nginx 的测试页，如图 8-6 所示。

图 8-6　Nginx 测试页

8.4.4　认识 Nginx 服务器的配置文件

使用 cat 命令查看 Nginx 配置文件/etc/nginx/nginx.conf。

```
[root@localhost ~]# cat    /etc/nginx/nginx.conf
user    nginx;                                          //配置用户 nginx
worker_processes    1;                                  //允许生成的进程数 1
error_log    /var/log/nginx/error.log warn;             //设置错误日志路径，级别
pid          /var/run/nginx.pid;                        //指定 nginx 进程运行文件存放地址
events {
    worker_connections    1024;                         //设置最大连接数 1024
}
http {
    include          /etc/nginx/mime.types;             //包含该文件
```

```
default_type   application/octet-stream;                      //默认文件类型
log_format    main  '$remote_addr - $remote_user [$time_local] "$request" '
                    '$status $body_bytes_sent "$http_referer" '
                    '"$http_user_agent" "$http_x_forwarded_for"';
access_log    /var/log/nginx/access.log    main;              //设置访问日志路径
sendfile           on;                                        //允许用 sendfile 方式传输文件
#tcp_nopush        on;
keepalive_timeout    65;                                      //设置连接超时时间，单位为秒
#gzip    on;
include /etc/nginx/conf.d/*.conf;                            //包含该目录中以.conf 为扩展名的文件
}
```

Nginx 配置文件非常简洁，且易于理解。Nginx.conf 配置文件可分为全局块、events 块、http 主机块。

- 全局块用于配置影响 Nginx 全局的指令，包括设置运行 Nginx 服务器的用户组、nginx 进程 pid 存放路径、日志存放路径、允许生成 worker process 数等。
- events 块用于配置影响 Nginx 服务器或与用户的网络连接，包括设置每个进程的最大连接数、选取哪种事件驱动模型处理连接请求、是否允许同时接受多个网络连接、开启多个网络连接序列化等。
- http 块用于配置代理、缓存、日志定义等绝大多数功能和第三方模块，如文件引入、mime-type 定义、日志自定义、是否使用 sendfile 传输文件、连接超时时间、单连接请求数等。可以嵌套 server 块和 location 块。server 块用于配置虚拟主机的相关参数，一个 http 块中可以有多个 server 块。location 块用于配置请求的路由，以及各种页面的处理情况。

8.4.5　Nginx 服务器的配置步骤

1．设置服务器的 IP 地址

设置服务器的 IP 地址为 192.168.100.10，关闭防火墙，关闭 SELinux，可参考第 2 章内容。

2．解析 WWW 主机

配置 DNS 服务器将 www.sdcet.cn 的 IP 地址解析为 192.168.100.10，可参考第 4 章内容。

3．新建测试主页

按以下命令创建测试主页。

```
[root@localhost ~]# mkdir    /usr/share/nginx/sdcet
[root@localhost ~]# echo    "sdcet's nginx web site " > /usr/share/nginx/sdcet/index.html
```

4．修改配置文件

可以在/etc/nginx/conf.d 目录下创建一个 server 配置文件，主配置文件中内容不做修改。

```
[root@localhost ~]# touch    /etc/nginx/conf.d/sdcet.conf
[root@localhost ~]# vim /etc/nginx/conf.d/sdcet.conf
server {
```

```
                listen 80;
                server_name www.sdcet.cn;
                location / {
                        root /usr/share/nginx/sdcet;
                        index index.html;
                }
        }
```

5．重启 Nginx

重启 Nginx 服务，使配置生效。

```
[root@localhost ~]# systemctl    restart    nginx
```

8.4.6 Web 服务测试

在 Windows 7 中打开浏览器，在地址栏中输入"www.sdcet.cn"，然后按〈Enter〉键，测试 Web 服务器，测试结果如图 8-7 所示。

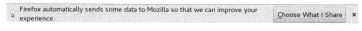

图 8-7 Nginx 站点测试

8.4.7 拓展与提高

1．实现认证访问

安装 httpd-tools，使用 htpasswd 命令创建认证口令文件，向口令文件中添加 bob 用户。

```
[root@localhost ~]# yum    install    -y    httpd-tools
[root@localhost ~]# mkdir    /usr/local/nginx
[root@localhost ~]# htpasswd    -c    /usr/local/nginx/passwd.db    bob
```

修改第 8.4.5 节中创建的配置文件。

```
[root@localhost ~]# vim    /etc/nginx/conf.d/sdcet.conf
server {
        listen 80;
        server_name www.sdcet.cn;
        auth_basic "User Authentication";
        auth_basic_user_file /usr/local/nginx/passwd.db;
        location / {
                root /usr/share/nginx/sdcet;
```

```
                index index.html;
            }
        }
```

保存并退出，重启 Nginx 服务。

```
[root@localhost ~]# systemctl    restart    nginx
```

打开浏览器，在地址栏中输入"www.sdcet.cn"，按〈Enter〉键，测试结果如图 8-8 所示。

图 8-8　用户认证访问测试

2. 实现访问控制

实现 Nginx 站点的访问控制，可以通过在 location 块中增加 allow、deny 语句实现。例如，仅限制某 IP 或 IP 网段访问 Web 站点。

```
deny    IP 或 IP 网段;
allow    all;
```

仅允许某 IP 或 IP 网段访问，其他禁止。

```
allow    IP 或 IP 网段;
deny    all;
```

修改第 8.4.5 节中创建的配置文件。

```
[root@localhost ~]# vim    /etc/nginx/conf.d/sdcet.conf
server {
        listen 80;
        server_name www.sdcet.cn;
        location / {
            root /usr/share/nginx/sdcet;
            index index.html;
            deny 192.168.100.0/24;
            allow all;
        }
    }
```

重启 Nginx 服务，测试结果如图 8-9 所示。

图 8-9 访问控制测试

工作任务 19

8.5 工作任务 19——Windows 系统中 Web 服务器的搭建

8.5.1 任务目的

新星公司决定搭建 Web 服务器,展示公司形象及产品资料。因为 Windows Server 系统具有图形化操作界面,便于管理,该公司信息中心决定在 Windows Server 系统中搭建 Web 服务器。

8.5.2 任务规划

选择 Windows Server 2016 操作系统,Web 服务器 IP 地址为 192.168.100.10,在 DNS 服务器上已经将 www.sdcet.cn 解析到了 192.168.100.10。要求打开浏览器,在地址栏中输入 "www.sdcet.cn" 能够正确浏览网页。

另外,公司的 OA 系统也是基于 B/S 结构的,同样要部署到 Web 服务器上。在 DNS 服务器上也已将 oa.sdcet.cn 解析到了 192.168.100.10。

8.5.3 IIS 服务的安装

以系统管理员身份设置服务器 IP 地址为 192.168.100.10,主机名为 WIN2016,关闭防火墙。

可参考第 7.4.3 节内容安装 IIS 服务。

其中在 "选择角色服务" 界面中勾选 Web 服务器(IIS)的基本角色服务,如安全性、常见 HTTP 功能、性能、管理工具等,如图 8-10 所示。其他保持默认设置。

IIS 服务安装完成之后,单击 "服务器管理器·仪表板" 右上角的 "工具" 菜单,选择 "Internet Information Services(IIS)管理器" 命令,打开 IIS 控制台,如图 8-11 所示。

从 IIS 控制台中可以看到系统添加了一个默认 Web 站点,在配置 Web 服务之前,可使用右键快捷菜单将默认站点停止。

8.5.4 Web 站点创建与测试

1. 配置 IP 地址及域名解析

IIS 服务器静态 IP 地址参数如下:IP 地址为 192.168.100.10;子网掩码为 255.255.255.0;默

认网关为 192.168.100.2；DNS 地址为 192.168.100.10。其中，在 DNS 服务器上添加 WWW 主机 A 记录、IP 地址为 192.168.100.10，OA 主机 A 记录、IP 地址为 192.168.100.10。

图 8-10 "选择角色服务"对话框

图 8-11 IIS 控制台

2. 创建测试页面

测试页面可用 FrontPage、Dreamweaver，甚至用记事本编写。www.sdcet.cn 站点测试页面 index.html 存放在 C:\www 文件夹下，oa.sdcet.cn 站点测试页面 index.html 存放在 C:\oa 文件夹下。

创建站点之前要先设置站点的默认主页。当用户浏览网页没有指定文档名时，如输入的 是 http://www.sdcet.cn，而不是 http://www.sdcet.cn/index.html。Web 服务器会把事先设定的文档返回给用户，这个文档就是默认主页。

3. 创建 Web 站点、测试

1）单击"服务器管理器·仪表板"右上角的"工具"菜单，选择"Internet Information Services（IIS）管理器"命令，打开 IIS 控制台，在左侧导航窗格中依次展开"WIN2016"→"网站"，右击"网站"，在弹出的菜单中选择"添加网站"命令，打开"添加网站"对话框。

2）在"添加网站"对话框的"网站名称"文本框中输入"学校网站"，"物理路径"文本框中输入"C:/www"，"主机名"文本框中输入"www.sdcet.cn"，如图 8-12 所示。

3）单击"确定"按钮，完成第一个站点的创建。打开浏览器，在地址栏中输入"www.sdcet.cn"，按〈Enter〉键进行测试，测试页面如图 8-13 所示。

图 8-12 创建第一个 Web 站点

图 8-13 第一个站点测试页面

4）使用相同方法创建第二个站点 oa.sdcet.cn，具体设置如图 8-14 所示。测试页面如图 8-15 所示。

图 8-14　创建第二个 Web 站点

图 8-15　第二个站点测试页面

8.5.5　拓展与提高

1. 虚拟目录

创建表 8-2 中的虚拟目录 computer，物理路径为 C:\computer。将测试文件 index.htm 保存在 C:\computer 目录下。

工作任务 19
拓展与提高

表 8-2　虚拟目录和物理目录的位置

物理位置	虚拟目录	URL
C:\www		http://www.sdcet.cn
C:\computer	computer	http://www.sdcet.cn/computer

1）打开 IIS 控制台，在左侧导航窗格中依次展开"WIN2016"→"网站"→"学校网站"，右击"学校网站"，在弹出的菜单中选择"添加虚拟目录"命令，如图 8-16 所示。

2）打开"添加虚拟目录"对话框，在"别名"文本框中输入虚拟目录的别名，在此输入"computer"，在"物理路径"文本框中输入"C:\computer"，如图 8-17 所示。单击"确定"按钮，完成虚拟目录创建。

图 8-16　"添加虚拟目录"命令

图 8-17　"添加虚拟目录"对话框

3）打开浏览器，在地址栏中输入"http://www.sdcet.cn/computer"，按〈Enter〉键，即可访问该站点的虚拟目录。

2．启用身份验证

为了保障 Web 站点安全性，有的站点启用身份验证。只有通过身份验证的用户才能访问该站点。

1）打开 IIS 控制台，在左侧导航窗格中依次展开"WIN2016"→"网站"→"学校网站"，在中间功能区域双击"身份验证"图标。打开"身份验证"界面，将"匿名身份验证"禁用，"Windows 身份验证"启用，如图 8-18 所示。

2）当再次浏览该站点时，需要输入 Windows 账户名及密码才能正确访问，如图 8-19 所示。

图 8-18　启用 Windows 身份验证　　　　　图 8-19　访问站点时进行身份验证

3．使用 IPv4 地址限制客户端访问

打开 IIS 控制台，在左侧导航窗格中依次展开"WIN2016"→"网站"→"学校网站"，在中间功能区域双击"IP 地址和域限制"图标。打开"IP 地址和域限制"界面，单击右上方的"添加拒绝条目"链接，打开"添加拒绝限制规则"对话框，在文本框中输入要限制访问的IP 地址段，如图 8-20 所示。

当某客户端处于被限制的地址段时，打开浏览器访问站点的错误提示页面如图 8-21 所示。

图 8-20　限制某地址段访问　　　　　图 8-21　被限制客户端访问错误提示页面

8.6 本章总结

Web 服务是互联网中最重要、最常用的网络服务，网络管理员要掌握 Web 服务的安装、配置与管理的基本工作技能。本章重点内容如下。

1）Web 服务的工作原理。

2）Linux 下 Apache 服务的安装、配置与测试。

3）Linux 下 Nginx 服务的安装、配置与测试。

4）Windows Server 2016 下 Web 服务的安装、配置与测试。

8.7 习题与实训

一、填空题

1．HTTP 的全称是_____，服务器的监听端口是_____。

2．httpd.conf 中 Listen 参数的作用是_____。

3．Nginx 默认主配置文件分为_____、_____、_____三部分。

4．Web 服务器软件有_____、_____、_____等。

二、选择题

1．启动 Apache 的命令是_____。

A．systemctl apache start
B．systemctl http start
C．service apached start
D．systemctl start httpd

2．当用户浏览网页没有指定文档名时，Web 服务器会把事先设定的文档返回给用户，这个文档就是_____。

A．PHP 文档
B．HTML 文档
C．默认主页
D．ASP 文档

3．一般来说，Web 站点可以直接使用_____访问，也可以使用_____访问。

A．IP 地址、域名
B．主机记录、域名
C．IP 地址、主机记录
D．指针记录、域名

4．在 Windows Server 2016 中，如果要限制用户对 Web 站点的访问，可以启用_____。

A．Cookies 功能
B．ActiveX 功能
C．活动脚本
D．Windows 身份验证

5．Nginx 可以通过配置_____配置虚拟主机

A．server 块
B．events 块
C．location 块
D．全局块

6．Apache 配置文件默认位于_____目录下。

A．/etc/httpd.conf
B．/var/www/httpd.conf
C．/etc/www/html
D．/etc/httpd/conf

7．若要设置 Web 站点根目录的位置，应在配置文件中通过_____配置语句来实现。

A．ServerRoot
B．ServerName

C．DocumentRoot   D．DirectoryIndex

8．设置站点的默认主页，可在配置文件中通过_____配置项实现。

    A．RootIndex   B．ErrorDocument

    C．DocumentRoot   D．DirectoryIndex

9．配置虚拟主机的容器为_____。

    A．VirtualHost   B．<VirtualHost> </VirtualHost>

    C．Directory   D．<Directory> </Directory>

三、简答题

1．简述 Web 服务器的作用。

2．简述 Apache 服务器相关目录的作用。

3．简述 Apache 服务虚拟目录的设置方式。

4．简述 Nginx 虚拟主机的 server 块。

四、实训

1．Linux 下 Apache 服务器的配置

实训目的：掌握 Apache 服务器主配置文件的修改；掌握同一 IP 地址不同端口的多个虚拟主机设置；掌握不同域名的多个虚拟主机的设置。

实训环境：网络环境中装有 CentOS 7 操作系统的计算机。

实训步骤：

第 1 步：Web 服务器规划。配置两台虚拟主机 vhost1 和 vhost2，采用相同的 IP 地址，vhost1 采用 8080 端口，vhost2 采用 8086 端口，vhost1 主机的主页显示"This is vhost1 web"，vhost2 主机的主页显示"This is vhost2 web"，vhost1 和 vhost2 的主页分别放在 /www/vhost1、/www/vhost2 目录下。

第 2 步：配置的步骤简述如下。

1）设置服务器的 IP 地址，如设为 192.168.18.100。

2）在/www 目录下创建目录 vhost1、vhost2。

3）在/etc/httpd 目录下创建目录 vhost。

4）在 vhost 目录下创建虚拟主机的配置文件 vhost.conf。

5）修改主配置文件 httpd.conf，将 vhost.conf 包含到 httpd.conf 文件中。

6）在/www/vhost1、/www/vhost2 目录下为 vhost1、vhost2 创建主页。

7）重新启动 Apache 服务，在客户端浏览器的地址栏中输入相应的 IP 地址及端口后，即可访问。

8）限制 192.168.18.0/24 网段用户访问，测试。

9）撰写实训报告。

2．Linux 下 Nginx 服务器的配置

实训目的：掌握 CentOS 7 中 Nginx 服务器的安装，掌握 Web 服务器配置与管理。

实训环境：网络环境中装有 CentOS 7 操作系统的计算机。

实训步骤：

1）基础环境配置：配置 IP 地址、DNS 地址，确保能够访问外网。

2）从 Nginx 官网下载 yum 源配置文件，上传到 CentOS 7 操作系统，配置好网络 yum 源。

3）安装 Nginx，并启动服务。

4）修改/etc/hosts 文件，将 www.xyz.com 解析到本机。

5）创建一个 8080 端口的站点，测试。

6）创建 server 块，指定监听端口和服务名。

7）在 server 块嵌套 location 块，指定站点路径。

8）重启 Nginx 服务。

9）测试站点能否正常浏览。

10）限制某 IP 地址的客户端访问，再次测试。

11）撰写实训报告。

3．Windows Server 下 Web 服务器的配置

实训目的：掌握 Windows Server 2016 中 IIS 服务器的安装，掌握 Web 服务器配置与管理。

实训环境：网络环境中装有 Windows Server 2016 操作系统的计算机。

实训步骤：

1）安装 IIS 服务器。

2）打开 IIS 控制台，创建第一个基于 IP 地址访问的 Web 站点，测试。

3）对站点进行配置，使得该站点可以直接用域名访问，测试。

4）在这个站点的基础上，创建虚拟目录，测试。

5）创建一个 8080 端口的站点，测试。

6）Web 服务器添加第二个 IP 地址，创建第二个 IP 地址的 Web 站点，测试。

7）选定以上任一站点，启用 Windows 身份验证，测试。

8）选定以上任一站点，设置该 Web 站点的客户端限制连接数。

9）选定以上任一站点，限制某 IP 地址的客户端访问。

10）撰写实训报告。

第9章 云计算基础——KVM 与 Docker

云是一种提供资源的网络，用户可以按照自己的需求获取云上的资源。绝大多数云计算平台基于开源软件构建，开源软件的灵活性和可扩展性也满足了云计算的发展趋势。虚拟化技术、容器技术是构建云计算平台的基础。

9.1 学习情境设计

9.1.1 学习情境导入

新星公司规模不断扩大，公司应用信息系统越来越多，与之对应的服务器数量也越来越多。经过一段时间发展，这些物理服务器要么硬件资源越来越紧张，要么有的服务器的硬件资源利用不起来。考虑到信息资产的硬件集约化，提高资产的硬件利用率，公司信息中心决定利用虚拟化技术提高硬件利用率，或者将公司应用信息系统部署在容器上。

KVM 是 CentOS 7 系统中的虚拟化工具，Docker 容器也能运行在 CentOS 7 系统上。因此，公司信息中心决定对系统管理员进行虚拟化技术及容器技术培训，以便今后信息系统的迁移。

9.1.2 教学导航

通过本章的学习与实训，读者可以掌握 Linux 操作系统平台中 KVM 的安装、管理与维护，Docker 的安装与维护等技能。教学导航如表 9-1 所示。

表 9-1 教学导航

章节重点	1）虚拟化技术，容器技术； 2）Linux 系统下 KVM 的安装、桥接网卡配置、虚拟机管理； 3）Linux 系统下 Docker 的安装与维护
章节难点	1）KVM 桥接网卡配置、虚拟机管理； 2）Docker 的安装与维护
技能目标	1）能够完成 Linux 中 KVM 的安装、虚拟机管理等工作任务； 2）能够完成 Linux 中 Docker 的安装与维护等工作任务
知识目标	1）了解虚拟化技术，了解容器技术； 2）掌握 KVM 安装、虚拟机管理的方法； 3）掌握 Docker 的安装与维护的方法
建议学习方法	通过教师的课堂演示，动手搭建 CentOS 7 操作系统下的 KVM，实现虚拟机的管理。动手安装 Docker，以实践方式学会镜像管理、容器管理

9.2 基础知识

9.2.1 虚拟化技术

1. 虚拟化技术简介

虚拟化技术（virtualization）是云计算的基础，可以在一台物理服务器上运行多台虚拟机。虚拟机共享物理主机的硬件资源，但逻辑上虚拟机之间是相互隔离的。虚拟化技术是一种资源管理技术，将计算机的各种物理资源（CPU、内存、磁盘空间、网络适配器等）予以抽象、转换，然后呈现出来的一个可供分割并任意组合为一个或多个（虚拟）计算机的配置环境。

虚拟化又可分为计算虚拟化、存储虚拟化及网络虚拟化。计算虚拟化包括 CPU 虚拟化、内存虚拟化及 I/O 设备虚拟化。CPU 虚拟化是指虚拟机通过定时器中断机制，在中断触发时陷入虚拟机监视器，根据调度机制进行调度，从而实现多个虚拟机复用同一个物理 CPU。内存虚拟化是指把物理机的真实物理内存统一管理，包装成多个虚拟机内存分配给多个虚拟机使用，通过内存虚拟化共享物理机内存。I/O 设备虚拟化是指通过模拟设备的寄存器和内存，截获虚拟机对 I/O 端口和寄存器的访问，即通过软件的方式来模拟设备行为。存储虚拟化是指通过增加一个管理层面屏蔽物理磁盘的复杂性，并将存储资源池化。虚拟化存储就是一个存储池，用户没有必要关心数据存储到哪一个具体磁盘设备。网络虚拟化是指通过软件定义网络的方式，引入虚拟交换机，从而产生应用于不同场景的虚拟网络。

2．KVM

现在常见的虚拟机管理软件有开源的 KVM、Xen，商业化的华为 Fusion Compute、VMware ESXi、微软的 Hyper-V 等。

KVM（Kernel-based Virtual Machine，基于内核的虚拟机）是一个开源的、基于内核的系统虚拟化模块，自 Linux 2.6.20 之后集成在 Linux 的各个主要发行版本中，是基于硬件的完全虚拟化。KVM 的虚拟化需要硬件支持（如 Intel VT 技术或 AMD V 技术），且使用 Linux 系统的调试器进行管理，因此 KVM 对资源的管理效率比较高。

KVM 体系一般包括三个部分：KVM 内核模块、QEMU 和管理工具。其中 KVM 内核模块和 QEMU 是 KVM 的核心组件。

KVM 内核模块是 KVM 虚拟机的核心部分，其功能是初始化 CPU、内存等硬件，打开虚拟化模式，并对虚拟机的运行提供一定的支持。但是一个虚拟机除了 CPU、内存之外，还需要网卡、硬盘等其他 I/O 设备的支持，这时候就需要另外一个组件——QEMU 了。KVM 内核模块和 QEMU 在一起才构成一个完整的虚拟机。

QEMU 是一个开源的虚拟化模拟器。虚拟机操作系统与底层硬件的交互是通过 QEMU 完成的，即虚拟机操作系统先与 QEMU 交互，再由 QEMU 完成与底层硬件的交互。KVM 的开发者对其进行了改造，形成了 QEMU-KVM。KVM 运行在内核空间，QEMU 运行在用户空间。

KVM 的管理工具可以对虚拟机进行创建、修改和删除等管理，Libvirt 是目前使用最为广泛的 KVM 虚拟机管理工具。Libvirt 也是一个开源项目，它是一个非常强大的管理工具，被管理的虚拟化平台可以是 KVM、Xen，也可以是 VMware ESXi 等商业化虚拟平台。Libvirt 除了命令集之外，Virt-manager、Virt-viewer、Virt-install 也可以管理虚拟机。

9.2.2　容器技术

1．容器技术简介

使用虚拟化技术，可以通过虚拟机部署各种类型的应用，也可以通过虚拟机隔离应用程序运行的环境。但是虚拟化技术也有缺点，如需要单独安装虚拟机操作系统，虚拟机磁盘占用物理机磁盘空间，虚拟机启动过程浪费时间等。

解决虚拟化技术这些缺点的就是容器技术，虚拟化技术与容器技术的区别如图 9-1 所示。

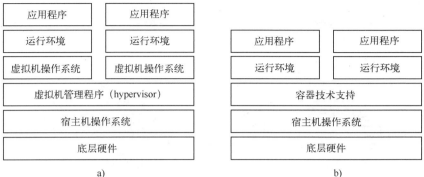

图 9-1　虚拟化技术与容器技术比较
a) 虚拟化技术　b) 容器技术

有的文献给出容器的定义："容器有效地将单个操作系统管理的资源划分到孤立的组中，以更好地在孤立的组之间平衡有冲突的资源使用需求。与虚拟化相比，既不需要指令级模拟，也不需要即时编译。容器可以在 CPU 本地运行指令，而不需要任何专门的解释机制。"传统的虚拟化技术在硬件层面实现虚拟化，需要额外的虚拟机管理程序（hypervisor）和虚拟机操作系统。而容器技术在操作系统层面上实现虚拟化，直接复用本地主机的操作系统，因而容器技术效率更高。

容器技术比较虚拟化技术有以下优势。

● 敏捷环境。容器技术最大的优点是创建容器实例比创建虚拟机实例快得多，容器轻量级的脚本可以从性能和大小方面减少开销。

● 提高生产力。容器通过移除跨服务依赖和冲突提高了开发者的生产力。每个容器都可以看作一个不同的微服务，因此可以独立升级，而不用担心同步。

● 版本控制。每一个容器的镜像都有版本控制，这样就可以追踪不同版本的容器，监控版本之间的差异等。

● 运行环境可移植。容器封装了所有运行应用程序所必需的相关细节，如应用依赖以及操作系统。这就使得镜像从一个环境移植到另外一个环境更加灵活。例如，同一个镜像可以在 Windows 或 Linux 平台，或者开发、测试或 stage 环境中运行。

● 标准化。大多数容器基于开放标准，可以运行在所有主流 Linux 发行版、Windows 平台等。

● 安全。容器之间的进程是相互隔离的，其中的基础设施亦是如此。这样，其中一个容器的升级或变化不会影响其他容器。

2. Docker

Docker 是一个开源的应用容器引擎，让开发者可以打包他们的应用以及依赖包到一个可移植的镜像中，然后发布到任何流行的 Linux 或 Windows 平台上，也可以实现虚拟化。Docker 容器完全使用沙箱机制，相互之间不会有任何接口。

Docker 自 2013 年推出以来非常受人欢迎，无论是从 GitHub 上的代码活跃度，还是 Redhat 在 RHEL 6.5 及以后版本集成对 Docker 的支持，Google 的 Compute Engine 也支持

Docker 在其之上运行。

Docker 的设想是交付运行环境，如同海运，操作系统就像一艘货轮，每一个在操作系统基础上的软件都如同一个集装箱，用户可以通过标准化手段自由组装运行环境，同时集装箱的内容可以由用户自定义，也可以由专业人员制造。交付一个软件，就是一系列标准化组件的集合的交付，如同乐高积木，用户只需要选择合适的积木组合，并且在最顶端署上自己的名字。Docker 的设想体现在其 logo 上，如图 9-2 所示。

旧logo   新logo

图 9-2　Docker 的 logo

Docker 的三大核心概念是镜像、容器和仓库，Docker 的绝大多数操作都是围绕着这三大核心概念。

- Docker 镜像。Docker 镜像类似于虚拟机镜像，可以将它理解成一个只读的模板。虚拟机模板就像停止运行的虚拟机，而 Docker 镜像就像停止运行的容器。通过版本管理和增量文件系统，用户可以从网上直接下载一个已经做好的应用镜像，并直接使用。
- Docker 容器。Docker 容器类似于一个轻量级的沙箱，Docker 利用容器来运行和隔离应用。容器就是从镜像创建的应用运行实例，可以启动、停止、删除，并且这些容器都是相互隔离的。镜像是静态的定义，容器是镜像运行时的实体。简单来讲，运行镜像形成一个容器。容器的实质是进程。
- Docker 仓库。Docker 仓库就是 Docker 镜像存放的场所。根据镜像公开分享与否，Docker 仓库可以分为公开仓库（Public）和私有仓库（Private）。最常用的公开仓库是官方的 Docker Hub，拥有大量高质量的官方镜像。

9.3　工作任务 20——Linux 中 KVM 的搭建

工作任务 20

9.3.1　任务目的

新星公司规模不断扩大，公司应用信息系统越来越多，与之对应的服务器数量也越来越多。为了提高设备的硬件利用率，公司信息中心考虑利用虚拟化技术将现有应用逐步迁移到 CentOS 7 系统的 KVM 上。

9.3.2　任务规划

新星公司信息中心服务器的操作系统为 CentOS 7。规划在服务器上安装 KVM，在

KVM 之上安装操作系统，部署应用，并实现对 KVM 虚拟机的管理。

9.3.3　KVM 的安装

配置 yum 源，关闭防火墙，关闭 SELinux。

1．验证 CPU 是否支持虚拟化

检查文件/proc/cpuinfo 中是否有 VMX 或 SVM 字符串，如果有，表示 CPU 支持虚拟化技术，如果没有则表示 CPU 不支持虚拟化技术。

```
[root@localhost ~]# cat   /proc/cpuinfo |egrep   'vmx|svm'
flags         : fpu vme de pse tsc msr pae mce cx8 apic sep mtrr pge mca cmov pat pse36 clflush mmx
fxsr sse sse2 ss syscall nx pdpe1gb rdtscp lm constant_tsc arch_perfmon nopl xtopology tsc_reliable
nonstop_tsc eagerfpu pni pclmulqdq vmx ssse3 fma cx16 pcid sse4_1 sse4_2 x2apic movbe popcnt
tsc_deadline_timer aes xsave avx f16c rdrand hypervisor lahf_lm abm 3dnowprefetch tpr_shadow vnmi ept
vpid fsgsbase tsc_adjust bmi1 avx2 smep bmi2 invpcid rdseed adx smap xsaveopt arat
```

2．创建桥接网卡

1）安装桥接软件包的命令如下。

```
[root@localhost ~]# yum   install   -y   bridge-utils
```

修改网卡 ens33 配置文件。

```
[root@localhost ~]# vim   /etc/sysconfig/network-scripts/ifcfg-ens33
TYPE=Ethernet
NAME=ens33
DEVICE=ens33
ONBOOT=yes
BRIDGE=br0
```

2）增加桥接网卡 br0 的配置文件，修改如下。

```
[root@localhost ~]# vim   /etc/sysconfig/network-scripts/ifcfg-br0
TYPE=Bridge
BOOTPROTO=static
NAME=bro
DEVICE=br0
ONBOOT=yes
IPADDR=192.168.100.10
PREFIX=24
GATEWAY=192.168.100.2
DNS1=8.8.8.8
```

3）重启网络，使配置生效。

```
[root@localhost ~]# systemctl   restart   network
[root@localhost ~]# ip   addr
2: ens33: <BROADCAST,MULTICAST,UP,LOWER_UP> mtu 1500 qdisc pfifo_fast master br0 state
UP group default qlen 1000
        link/ether 00:0c:29:66:e2:eb brd ff:ff:ff:ff:ff:ff
```

```
3: br0: <BROADCAST,MULTICAST,UP,LOWER_UP> mtu 1500 qdisc noqueue state UP group default
qlen 1000
        link/ether 00:0c:29:66:e2:eb brd ff:ff:ff:ff:ff:ff
        inet 192.168.100.10/24 brd 192.168.100.255 scope global noprefixroute br0
           valid_lft forever preferred_lft forever
```

4）使用 brctl 命令检查网卡桥接情况。

```
[root@localhost ~]# brctl   show
bridge name        bridge id            STP enabled        interfaces
br0                8000.000c2966e2eb         no            ens33
```

可以看到 ens33 已经桥接到 br0 了。

3．安装 KVM 相关软件包

使用 yum 命令安装 KVM 相关软件包，包括 qemu-kvm、qemu-img、virt-manager、virt-install、virt-viewer、libvirt、libvirt-python、libvirt-client。

```
[root@localhost ~]# yum   install   -y   qemu-kvm qemu-img virt-manager virt-install virt-viewer
libvirt   libvirt-python   libvirt-client
```

安装完成后，使用 yum 命令或 rpm 命令检查软件包是否已经安装。

4．启动 libvirtd 并设置开机自启动

1）启动 libvirtd 服务。

```
[root@localhost ~]# systemctl start libvirtd
```

2）设置 libvirtd 服务开机自启动。

```
[root@localhost ~]# systemctl enable libvirtd
```

9.3.4 图形化界面创建虚拟机

使用 XFTP 软件，将一个 Linux 的镜像文件上传到服务器的/root 目录下。本例选择占用资源较小的 CentOS-6.6-x86_64-minimal.iso。

1）KVM 的虚拟机图形化管理器由 virt-manager 软件包提供，在第 9.3.3 节中已经安装了该软件包。在终端命令提示符下输入以下命令。

```
[root@localhost ~]# virt-manager
```

2）执行命令后，打开"Virtual Machine Manager"控制台，如图 9-3 所示。

3）单击"File"菜单，选择"New Virtual Machine"命令，打开"New VM"新建虚拟机向导对话框，如图 9-4 所示。

4）选择默认的"Local install media"单选按钮，单击"Forward"按钮。在打开的界面中选择"Use ISO Image"单选按钮，在下面的文本框中输入完整的路径及文件名"/root/CentOS-6.6-x86_64-minimal.iso"，如图 9-5 所示；也可以单击"Browse"按钮，在打开的对话框中单击"Browse Local"按钮，在本地选中 ISO 文件。

5）单击"Forward"按钮，设置内存和 CPU，可以保持默认设置，如图 9-6 所示。

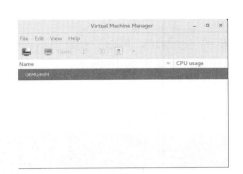

图 9-3　虚拟机管理器

图 9-4　新建虚拟机向导

图 9-5　设置 ISO 文件

图 9-6　设置内存和 CPU

6）单击"Forward"按钮，设置虚拟机磁盘，大小可以设置为 10GB，如图 9-7 所示。

7）单击"Forward"按钮，在"Name"文本框中填写虚拟机名称，如"centos6-1"，在"Network selection"下拉列表框中选择"Bridge br0:Host device ens33"，如图 9-8 所示。

图 9-7　设置虚拟机磁盘大小

图 9-8　设置虚拟机名称和虚拟网络

8）单击"Finish"按钮，结束虚拟机的创建，自动打开"QEMU/KVM"控制台，如图 9-9 所示。在控制台中，完成 CentOS 6 系统的安装。由于是在虚拟机中再创建虚拟机，因此不能用鼠标。建议读者在"QEMU/KVM"控制台中使用键盘安装操作系统。

9）系统安装完成后，更改网卡配置，将 ONBOOT 参数的值改为 yes，依然采用 DHCP 方式获取 IP 地址。使用 ip addr 命令查看虚拟机的 IP 地址，可以看到虚拟机已经获取了 192.168.100.130 作为 IP 地址，从而验证了网卡桥接无误，如图 9-10 所示。可以从物理主机 ping 通虚拟机。

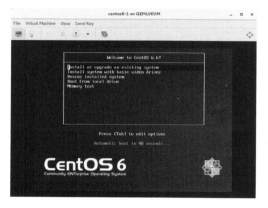

图 9-9 "QEMU/KVM"控制台

图 9-10 虚拟机安装完毕

9.3.5 使用 virt-install 命令创建虚拟机

使用 virt-install 命令可以创建虚拟机。

```
[root@localhost ~]# virt-install  --connect=qemu:///system --virt-type=KVM --vcpus=1 --name centos6-
2 --ram 1024 --cdrom /root/CentOS-6.6-x86_64-minimal.iso --disk /var/lib/libvirt/images/centos66.img,size=10,format=
qcow2,bus=virtio --network bridge=br0 --os-type=linux
```

执行命令后，自动打开"Virt-Viewer"界面，如图 9-11 所示。在"Virt-Viewer"界面，完成虚拟机安装。

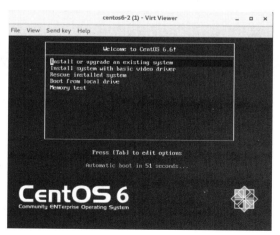

图 9-11 "Virt-Viewer"界面

virt-install 命令既可以一次执行，也可以交互执行。该命令提供了很多选项，介绍如下。

- --connect：连接 hypervisor，默认为 qemu:///system，即连接系统的 qemu。
- --name：创建的新虚拟机主机实例名称。
- --ram：设置虚拟机内存。
- --virt-type：使用的 hypervisor，如 kvm、qemu、xen 等。
- --vcpus：设置虚拟主机的 CPU 个数。
- --cdrom：设置光盘镜像或光盘设备路径。
- --disk：设置虚拟磁盘路径、名称，磁盘大小（GB），格式（qcow2），IO 类型（virtio）。各项之间用逗号分隔。
- --network：设置虚拟机的网络连接方式，通过桥接网卡 br0 连接。
- --os-type：设置虚拟机操作系统类型。

以下是 virt-install 命令交互式运行案例。

```
[root@localhost ~]# virt-install   \
> --connect=qemu:///system \
> --virt-type=KVM \
> --vcpus=1 \
> --name centos6-3 \
> --ram 1024 \
> --cdrom /root/CentOS-6.6-x86_64-minimal.iso \
> --disk /var/lib/libvirt/images/centos6-3.img,size=10,format=qcow2,bus=virtio \
> --network bridge=br0 \
> --os-type=linux
Starting install...
Allocating 'centos6-3.img'                              |  10 GB    00:00
```

virt-install 命令还可以配合 kickstart 技术实现无人值守安装虚拟机操作系统，在此不再赘述。

9.3.6 使用命令管理 KVM

默认情况下，按〈Tab〉键不能使 virsh 命令自动补齐。若要按〈Tab〉键自动补齐 virsh 命令，需要安装 bash-completion、libvirt-bash-completion 两个软件包。

```
[root@localhost ~]# yum   install   -y   bash-completion   libvirt-bash-completion
```

1．查看虚拟机

1）查看运行的虚拟机。

```
[root@localhost ~]# virsh   list
 Id      Name                              State
---------------------------------------------------
 1       centos6-1                         running
```

工作任务 20
使用命令管理
KVM

2）查看所有虚拟机。

```
[root@localhost ~]# virsh    list    --all
 Id      Name                              State
----------------------------------------------------
 1       centos6-1                         running
 -       centos6-2                         shut off
 -       centos6-3                         shut off
```

3）显示某个虚拟机信息。

```
[root@localhost ~]# virsh    dominfo    centos6-1
Id:               1
Name:             centos6-1
UUID:             1780431f-9bcd-42f9-a686-cd64b9e7017d
OS Type:          hvm
State:            running
CPU(s):           1
CPU time:         56.3s
Max memory:       1048576 KiB
Used memory:      1048576 KiB
Persistent:       yes
Autostart:        disable
Managed save:     no
Security model: none
Security DOI:     0
```

2．启动、停止虚拟机

1）启动虚拟机。

```
[root@localhost ~]# virsh    start    centos6-1
Domain centos6-2 started
```

2）关闭虚拟机。

```
[root@localhost ~]# virsh    shutdown    centos6-1
Domain centos6-1 is being shutdown
```

3）设置虚拟机自启动。

```
[root@localhost ~]# virsh    autostart    centos6-1
Domain centos6-1 marked as autostarted
```

4）关闭虚拟机自启动。

```
[root@localhost ~]# virsh    autostart    --disable    centos6-1
Domain centos6-1 unmarked as autostarted
```

3．删除虚拟机

1）强制停止虚拟机。

```
[root@localhost ~]# virsh    destroy    centos6-2
```

Domain centos6-2 destroyed

2）删除虚拟机。

```
[root@localhost ~]# virsh    undefine    centos6-2
Domain centos6-2 has been undefined
```

3）更新当前文件，并查找包含虚拟机 centos6-2 的所有内容。

```
[root@localhost ~]# updatedb
[root@localhost ~]# locate    centos6-2
/var/log/libvirt/qemu/centos6-2.log
```

4）删除和虚拟机 centos6-2 相关的一切内容。

```
[root@localhost ~]# rm    -rf    /var/log/libvirt/qemu/centos6-2.log
```

4．更改虚拟机配置

（1）更改虚拟机内存

1）查看虚拟机当前内存。

```
[root@localhost ~]# virsh    dominfo    centos6-1 | grep    memory
Max memory:        1048576 KiB
Used memory:       1048576 KiB
```

2）将虚拟机内存调整为 512MB。

```
[root@localhost ~]# virsh    setmem    centos6-1    512M
```

3）查看调整后的内存。

```
[root@localhost ~]# virsh    dominfo    centos6-1 | grep    memory
Max memory:        1048576 KiB
Used memory:       524288 KiB
```

（2）更改虚拟机 CPU

1）调整虚拟机 CPU 需要停止虚拟机。

```
[root@localhost ~]# virsh    shutdown    centos6-1
Domain centos6-1 is being shutdown
```

2）编辑虚拟机配置文件。

```
[root@localhost ~]# virsh    edit    centos6-1
```

3）修改 vcpu 行，将参数 1 改为 2。

```
<vcpu    placement='static'>2</vcpu>
```

4）重新定义使配置文件生效。

```
[root@localhost ~]# virsh    define    /etc/libvirt/qemu/centos6-1.xml
Domain centos6-1 defined from /etc/libvirt/qemu/centos6-1.xml
```

5）启动虚拟机。

```
[root@localhost ~]# virsh    start    centos6-1
Domain centos6-1 started
```

6）查看虚拟机信息。

```
[root@localhost ~]# virsh    dominfo    centos6-1| grep    CPU
CPU(s):              2
CPU time:            22.7s
```

5．虚拟机快照与克隆

（1）虚拟机快照

1）创建快照，为 centos6-1 虚拟机创建快照，快照名为 sys-ok-run。

```
[root@localhost ~]# virsh    snapshot-create-as    centos6-1    sys-ok-run
Domain snapshot sys-ok-run created
```

2）查看快照。

```
[root@localhost ~]# virsh    snapshot-list    centos6-1
 Name                       Creation Time                State
------------------------------------------------------------
 sys-ok-run                 2020-04-07 01:10:32 +0800 running
```

3）恢复到快照 sys-ok-run 状态。

```
[root@localhost ~]# virsh    snapshot-revert    centos6-1    sys-ok-run
```

4）删除指定快照。

```
[root@localhost ~]# virsh    snapshot-delete    centos6-1    sys-ok-run
Domain snapshot sys-ok-run deleted
```

（2）虚拟机克隆

1）克隆虚拟机之前，需要关闭虚拟机。

```
[root@localhost ~]# virsh    shutdown    centos6-1
Domain centos6-1 is being shutdown
```

2）使用 virt-clone 命令克隆虚拟机。

```
[root@localhost ~]# virt-clone -o centos6-1 -n centos6-4 -f /var/lib/libvirt/images/centos6-4.img
Allocating 'centos6-4.img'                                    |  10 GB    00:00:06
Clone 'centos6-4' created successfully.
```

其中，-o 选项用于指定被克隆的虚拟机；-n 选项用于定义克隆的新虚拟机名称；-f 选项用于指定新虚拟机磁盘文件路径及名称。

3）虚拟机克隆之后，启动两个虚拟机。

```
[root@localhost ~]# virsh    start    centos6-1
Domain centos6-1 started
[root@localhost ~]# virsh    start    centos6-4
```

Domain centos6-4 started

启动之后，检查两个虚拟机能否正常进行网络通信，若不能则修改网络配置参数。本例中的虚拟机为以 DHCP 方式获取 IP 地址，能够正常通信。

9.4 工作任务 21——Linux 中 Docker 的搭建与应用

9.4.1 任务目的

新星公司规模不断扩大，公司应用信息系统越来越多，与之对应的服务器数量也越来越多。作为容器技术的 Docker 有占用资源少、运行速度快等诸多优点，公司信息中心决定在服务器上安装 Docker 来部署 WordPress。部署 WordPress 的目的之一是为职工提供一套轻博客系统，其次为其他信息系统迁移到容器 Docker 做准备。

9.4.2 任务规划

新星公司信息中心服务器的操作系统为 CentOS 7。规划在服务器上安装 Docker，在 Docker 中部署 WordPress 应用，并实现对 WordPress 的管理。

9.4.3 Docker 的安装

配置 IP 地址 192.168.100.10、DNS 地址，确保能够正常访问互联网。关闭防火墙，关闭 SELinux。

1）配置 CentOS 7 的网络 yum 源（阿里云镜像或其他镜像）。

```
[root@localhost ~]# wget -O /etc/yum.repos.d/CentOS-Base.repo http://mirrors.aliyun.com/repo/Centos-7.repo
```

2）配置 docker-ce 网络 yum 源（阿里云镜像或其他镜像）。

```
[root@localhost ~]# wget -O /etc/yum.repos.d/ docker-ce.repo http://mirrors.aliyun.com/docker-ce/linux/centos/docker-ce.repo
```

3）CentOS7 系统升级，由于网络升级速度较慢，需要等待较长时间。

```
[root@localhost ~]# yum    update    -y
```

4）使用 yum 命令安装 yum.utils、device-mapper-persistent-data、lvm2 三个软件包。

```
[root@localhost ~]# yum    install   -y   yum-utils   device-mapper-persistent-data   lvm2
```

5）使用 yum 命令安装 docker-ce。

```
[root@localhost ~]# yum    install   -y   docker-ce
```

6）启动 Docker，并设置开机自启动。

```
[root@localhost ~]# systemctl    start    docker
[root@localhost ~]# systemctl    enable    docker
Created symlink from /etc/systemd/system/multi-user.target.wants/docker.service to /usr/lib/systemd/system/docker.service.
```

7）查看 docker-ce 版本。

```
[root@localhost ~]# docker    version
Client: Docker Engine - Community
 Version:           19.03.8
 API version:       1.40
 Go version:        go1.12.17
 Git commit:        afacb8b
 Built:             Wed Mar 11 01:27:04 2020
 OS/Arch:             linux/amd64
 Experimental:      false
Server: Docker Engine - Community
 Engine:
  Version:          19.03.8
  API version:      1.40 (minimum version 1.12)
  Go version:       go1.12.17
  Git commit:       afacb8b
  Built:            Wed Mar 11 01:25:42 2020
  OS/Arch:            linux/amd64
  Experimental:     false
 containerd:
  Version:          1.2.13
  GitCommit:        7ad184331fa3e55e52b890ea95e65ba581ae3429
 runc:
  Version:          1.0.0-rc10
  GitCommit:        dc9208a3303feef5b3839f4323d9beb36df0a9dd
 docker-init:
  Version:          0.18.0
  GitCommit:        fec3683
```

可以看到 Docker 是客户机/服务器模式。

9.4.4　Docker 容器部署 WordPress

1. 配置镜像加速

由于官方镜像仓库位于国外，在下载镜像时速度比较慢，因此需要配置镜像加速，如配置网易开源软件镜像站加速。

```
[root@localhost ~]# vim    /etc/docker/daemon.json
{
  "registry-mirrors": ["http://hub-mirror.c.163.com"]
}
```

重启 Docker，让配置生效。

```
[root@localhost ~]# systemctl restart docker
```

2. 从镜像仓库查找镜像

WordPress 需要 SQL 数据库支持，从镜像仓库查找 WordPress、MySQL 镜像，如图 9-12 所示。

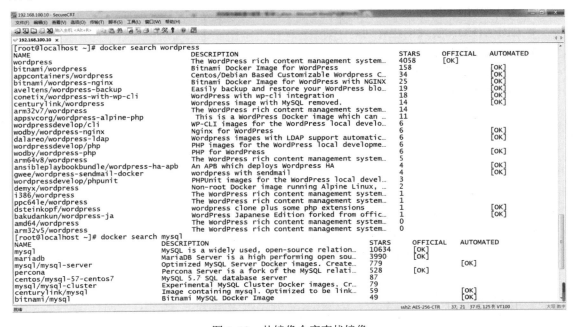

图 9-12　从镜像仓库查找镜像

参数说明如下。

● NAME：镜像仓库源的名称。

● DESCRIPTION：镜像的描述。

● STARS：星标，表示点赞、喜欢的意思。

● OFFICIAL：是否 Docker 官方发布。

● AUTOMATED：自动构建。

3. 获取镜像

使用 docker pull 命令，从官方镜像仓库获取镜像。

```
[root@localhost ~]# docker    pull    wordpress
[root@localhost ~]# docker    pull    mysql
```

使用 docker pull 命令获取镜像时可以指定镜像版本，如 docker pull mysql:5.7。如果没有指定版本，则获取最新版，相当于 docker pull mysql: latest。

4. 查看本地镜像

使用 docker images 命令查看本地镜像。

```
[root@localhost ~]# docker    images
```

REPOSITORY	TAG	IMAGE ID	CREATED	SIZE
wordpress	latest	0d205d4886fe	6 days ago	540MB
mysql	latest	9228ee8bac7a	7 days ago	547MB

参数说明如下。

- REPOSITORY：来自哪一个仓库，如 wordpress 仓库。
- TAG：镜像的标签信息，latest 表示最新的。
- IMAGE ID：镜像 ID，是唯一的。
- CREATED：镜像创建时间。
- SIZE：镜像大小。

5．启动容器 MySQL

使用 docker run 命令启动容器 MySQL。

```
[root@localhost ~]# docker   run -d --name mysql -p 3306:3306 -e MYSQL_ROOT_PASSWORD=
123456 mysql
        659d30122b77611adc961168221ae0419b4bb832a344500d57b3cdce1d77930d
```

docker run 命令选项说明如下。

- -d：容器在后台运行。
- --name：指定容器的名称。
- -e：指定容器内的环境变量，本例设置 MySQL 数据库的管理员密码。

在 MySQL 中创建 wordpress 数据库。

```
[root@localhost ~]# docker   exec   -it   mysql   /bin/bash
root@659d30122b77:/# mysql   -uroot   -p123456
mysql: [Warning] Using a password on the command line interface can be insecure.
Welcome to the MySQL monitor.    Commands end with ; or \g.
Your MySQL connection id is 8
Server version: 8.0.19 MySQL Community Server - GPL
Copyright (c) 2000, 2020, Oracle and/or its affiliates. All rights reserved.
Oracle is a registered trademark of Oracle Corporation and/or its
affiliates. Other names may be trademarks of their respective
owners.
Type 'help;' or '\h' for help. Type '\c' to clear the current input statement.
mysql> create database wordpress;                    //创建 wordpress 数据库
Query OK, 1 row affected (0.02 sec)
mysql> show databases;                               //显示数据库
+--------------------+
| Database           |
+--------------------+
| information_schema |
| mysql              |
| performance_schema |
| sys                |
| wordpress          |
+--------------------+
5 rows in set (0.03 sec)
```

```
mysql> ALTER USER 'root'@'%' IDENTIFIED WITH mysql_native_password BY '123456';
Query OK, 0 rows affected (0.05 sec)                    //设置 mysql 远程权限
mysql> flush privileges;                                //刷新权限
Query OK, 0 rows affected (0.02 sec)
mysql>exit                                              //退出 mysql
```

其中，docker exec 是在运行的容器中执行命令，-it 选项是分配一个伪终端，/bin/bash 是打开终端；exit 命令是退出容器（但容器仍在运行）。

6. 启动容器 WordPress

使用 docker run 命令启动容器 WordPress。

```
[root@localhost ~]# docker run -d --name wordpress -p 80:80 --link mysql:wordpress -e WORDPRESS_
DB_USER=root -e WORDPRESS_DB_USER_PASSWORD=123456 wordpress
de5acab857ebe7e19325d5169956f4458c504e46f01daea7d25ef8a6dae12142
```

docker run 命令选项说明如下。

- -d：表示容器在后台运行。
- --name：设置容器名称。
- -p：设置端口映射，即由冒号后边的容器端口映射到冒号之前的宿主机端口。
- --link：设置连接容器连接，冒号之前为欲连接的容器名，冒号后为欲连接的数据库名。

最后为 WordPress 的镜像名称。

7. 安装 WordPress

1）MySQL、WordPress 容器启动后，在宿主机中打开浏览器，在地址栏中输入"http://192.168.100.10"，可以打开 WordPress 的安装向导界面，选择"简体中文"，如图 9-13 所示。

2）单击"继续"按钮，在打开的界面中输入数据库名称为"wordpress"，用户名为"root"，密码为"123456"，数据库主机名称为"mysql"及表前缀，如图 9-14 所示。开始安装 wordpress。

图 9-13　选择 WordPress 安装语言

图 9-14　设置 WordPress 数据库

3）WordPress 安装完成后，在接下来打开的界面中设置站点信息，如图 9-15 所示。

4）站点信息设置完成后，打开后台登录界面，如图 9-16 所示。

图 9-15 设置站点信息　　　　　　　　　图 9-16 后台登录界面

5）登录站点后台，打开的是 WordPress 仪表盘界面。在仪表盘界面中可以管理、配置自己的站点，如图 9-17 所示。

图 9-17 通过后台仪表盘设置站点

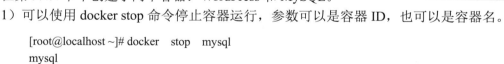

工作任务 21
Docker 容器管理

9.4.5　Docker 容器管理

1. 容器管理

在第 9.4.4 节中创建了两个容器：WordPress 和 MySQL。

1）可以使用 docker stop 命令停止容器运行，参数可以是容器 ID，也可以是容器名。

```
[root@localhost ~]# docker   stop   mysql
mysql
```

2）可以使用 docker ps 名称查看当前容器，若加-a 选项会显示所有容器（包括已经停止的容器）。

```
[root@localhost ~]# docker   ps   -a
CONTAINER ID        IMAGE                    COMMAND             CREATED
```

STATUS		PORTS		NAMES		
de5acab857eb		wordpress		"docker-entrypoint.s…"	8 hours ago	
Up 8 hours		0.0.0.0:80->80/tcp		wordpress		
659d30122b77		mysql		"docker-entrypoint.s…"	9 hours ago	
Exited (0) 7 seconds ago				mysql		

3）启动停止的容器使用 docker start 命令，后跟容器名或容器 ID。

4）删除容器使用 docker rm 命令。不过只能删除处于停止状态的容器。若要删除运行状态的容器，可以添加-f 选项。

```
[root@localhost ~]# docker   rm   mysql
mysql
[root@localhost ~]# docker   rm   -f   wordpress
Wordpress
[root@localhost ~]# docker   ps   -a
```

5）删除容器之后才能删除镜像，可以使用 docker rmi 命令删除镜像。

```
[root@localhost ~]# docker   rmi   mysql
Untagged: mysql:latest
Untagged: mysql@sha256:b69d0b62d02ee1eba8c7aeb32eba1bb678b6cfa4ccfb211a5d7931c7755dc4a8
Deleted: sha256:9228ee8bac7a8143818a7b028ee3386ea93e30a8f2e8bbf1440ca1ea3c26aa3e
Deleted: sha256:86af1c9751313cd1e69f821252d81930d13e637dd71c14ac3415cc410f37eee9
Deleted: sha256:7efadee52180bcf5f807e144054352d25d1682a6da1ff0f98f3ac31a1db72656
Deleted: sha256:dcea680c013ed3614c13aab60528a0077889f28e5266f29dbf4e22b6d0ff99e4
Deleted: sha256:cb7f155e56af1df8fa767b4c8458338441e769e87653040fc7f4ed267f137d3c
Deleted: sha256:a89f3417282a3b5b7a5244e8dc6a8457758637bfdd20d581d8001711dd852ba4
Deleted: sha256:48a05a610ee50ba6b31485bdcc56e1a9b078ee5c313c0389f51c0945b1c79e7f
Deleted: sha256:3fa467b922ac62dd90f3f5619593efe0863268e61c2388ad722505bf16a6f396
Deleted: sha256:1489aeb916b23b754adae8188a23acc79094d884af22b97525230c5dfa080fad
Deleted: sha256:27518404ef7be035417fac8fdba7bfc3dff01964f5ce7e1b9f00d3732983fe3a
Deleted: sha256:99371f27899824a4617338da5d039d5a94b6fe737655b1af1a4d63490afdcc5e
Deleted: sha256:4bb513e8eeaea15c5199b1fbee849d048b889877afd4e30599c7431db926f4ff
```

6）使用 docker images 命令查看镜像。

```
[root@localhost ~]# docker   images
```
REPOSITORY	TAG	IMAGE ID	CREATED	SIZE
wordpress	latest	0d205d4886fe	6 days ago	540MB

2. 容器运行

容器是镜像的一个运行实例，容器的本质是一个进程。使用 docker run 命令运行镜像，形成容器实例，不同的选项可以使退出容器后容器停止，也可以以后台守护状态继续运行。

1）从公共镜像仓库拉取一个 CentOS 7 镜像。

```
[root@localhost ~]# docker   pull   centos:7
7: Pulling from library/centos
ab5ef0e58194: Pull complete
Digest: sha256:4a701376d03f6b39b8c2a8f4a8e499441b0d567f9ab9d58e4991de4472fb813c
```

Status: Downloaded newer image for centos:7
docker.io/library/centos:7

2）查看本地镜像。

```
[root@localhost ~]# docker   images
REPOSITORY          TAG              IMAGE ID          CREATED          SIZE
centos              7                5e35e350aded      4 months ago     203MB
```

3）运行 CentOS 7 镜像，并进入容器。

```
[root@localhost ~]# docker   run   -it   --name   centos7-1   centos:7   /bin/bash
[root@7d46d4a397a8 /]# ls /
anaconda-post.log  bin  dev  etc  home  lib  lib64  media  mnt  opt  proc  root  run  sbin
srv  sys  tmp  usr  var
[root@7d46d4a397a8 /]# exit
exit
```

注意，@之后的主机名，执行 docker run 命令之后，主机名由 localhost 变成了 7d46d4a397a8，这是 centos7-1 的容器 ID。

4）离开容器后，使用 docker ps –a 命令可以看到容器 centos7-1 已经处于退出状态。

```
[root@localhost ~]# docker   ps   -a
CONTAINER ID        IMAGE                          COMMAND                CREATED
STATUS              PORTS              NAMES
    7d46d4a397a8    centos:7                       "/bin/bash"            About a minute ago
 Exited (0) 10 seconds ago                         centos7-1
```

5）如果从容器退出而不希望容器终止，可以将容器运行在守护状态，即在后台运行。使用-di 选项让容器 centos7-2 在后台运行。

```
[root@localhost ~]# docker   run   -di   --name   centos7-2   centos:7
b514ca6038772271044d45a2bd89d02ab09997841fcd8d24ccde2ffb4a679676
```

6）使用 docker exec 命令进入容器 entos7-2。

```
[root@localhost ~]# docker   exec   -it   centos7-2   /bin/bash
[root@b514ca603877 /]# ls
anaconda-post.log  bin  dev  etc  home  lib  lib64  media  mnt  opt  proc  root  run  sbin
srv  sys  tmp  usr  var
[root@b514ca603877 /]# exit
exit
```

7）使用 docker ps 命令，可以看到容器 centos7-2 处于运行状态，而容器 centos7-1 处于停止状态。

```
[root@localhost ~]# docker   ps   -a
CONTAINER ID        IMAGE                          COMMAND                CREATED
STATUS              PORTS              NAMES
    b514ca603877    centos:7                       "/bin/bash"            41 seconds ago
Up 39 seconds                                      centos7-2
```

| 7d46d4a397a8 | centos:7 | "/bin/bash" | 14 minutes ago |

Exited (0) 12 minutes ago   centos7-1

3．查看容器 IP 地址

标识容器的有容器 ID、容器名，容器之间的连接依靠容器 ID、容器名基本够用了，对外提供服务可以做端口映射。但依然有初学者希望获取容器的 IP 地址。

1）使用 docker inspect 查看容器状态信息。

```
[root@localhost ~]# docker inspect centos7-2 | grep IPAddress
            "SecondarylPAddresses": null,
            "lPAddress": "172.17.0.2",
            "lPAddress": "172.17.0.2",
```

2）查看容器的 IP 地址。

```
[root@localhost ~]# docker   inspect   --format='{{.NetworkSettings.IPAddress}}'   centos7-2
172.17.0.2
```

4．端口映射

容器的目的是对外提供服务。在启动容器时，如果不配置宿主机与容器的端口映射，外部是无法访问容器的。

以拉取 Apache 镜像为例说明端口映射。

1）从公共镜像仓库拉取 httpd。

```
[root@localhost ~]# docker   pull   httpd
```

2）使用 docker run 命令的-p 选项进行端口映射，将 Apache 容器的 80 端口映射到宿主机的 8080 端口。

```
[root@localhost ~]# docker   run   -di   --name   myweb-1   -p   8080:80   httpd
```

3）在本地创建测试页面。

```
[root@localhost ~]# echo    'welcome to myweb1'>index.html
```

4）本地 Apache 容器的 Web 站点目录为/usr/local/apache2/htdocs/，可以进入容器通过查看 Apache 配置文件获取。将页面上传到容器 myweb-1。

```
[root@localhost ~]# docker   cp   index.html myweb-1:/usr/local/apache2/htdocs/index.html
```

5）打开浏览器，在地址栏中输入"http://192.168.100.10:8080/index.html"，按〈Enter〉键，测试结果如图 9-18 所示。

图 9-18　端口映射测试结果

5. 目录映射

应用程序与应用数据在容器中运行，容器可能会被误操作导致应用数据丢失，无法恢复，这时候就需要将容器中的目录映射到本地目录。这样容器中的数据与本地数据同步，从而避免数据丢失这种情况出现。

还是以 Apache 容器为例说明目录映射。

1）创建本地目录/root/html。

    [root@localhost ~]# mkdir   /root/html

2）在本地创建测试页。

    [root@localhost ~]# echo   'welcome to myweb2'>/root/html/index.html

3）使用 docker run 命令的-v 选项做目录映射。将 Apache 容器的站点目录/usr/local/apache2/htdocs/映射到本地的/root/html/目录，同时将容器的 80 端口映射到宿主机的 8081 端口。

    [root@localhost ~]# docker run -di --name myweb-2 -p 8081:80 -v /root/html:/usr/local/apache2/htdocs httpd

4）打开浏览器，在地址栏中输入"http://192.168.100.10:8081/index.html"，按〈Enter〉键，测试结果如图 9-19 所示。

图 9-19　目录映射测试结果

6. 容器的迁移与备份

如果能将容器导出为镜像或文件，那么就很容易实现容器的迁移与备份了。Docker 可以将容器导出为镜像或文件，也可以将镜像导出为文件。下面将容器 myweb-1 采用 save、load 方式，容器 myweb-2 采用 export、import 方式导出。

1）使用 docker ps 命令查看当前运行的容器。

```
[root@localhost ~]# docker   ps
   CONTAINER ID          IMAGE                      COMMAND              CREATED
STATUS                 PORTS                 NAMES
   5483ce24dbbe          httpd                      "httpd-foreground"   10 hours ago
Up 10 hours            0.0.0.0:8081->80/tcp  myweb-2
   615b67b4fe11          httpd                      "httpd-foreground"   10 hours ago
Up 10 hours            0.0.0.0:8080->80/tcp  myweb-1
```

2）将容器 myweb-1 使用 docker commit 命令打包成镜像 myhttpd。

```
[root@localhost ~]# docker   commit   myweb-1   myhttpd
sha256:acf9f70b5016f027d8ef35a6ccbf7138a3339a527a9566807110f03ae98888e3
```

3）使用 docker images 命令查看当前镜像，可以看到已经生成 myhttpd 镜像。

```
[root@localhost ~]# docker  images
REPOSITORY          TAG              IMAGE ID           CREATED           SIZE
myhttpd             latest           acf9f70b5016       36 seconds ago    166MB
httpd               latest           8326be82abe6       8 days ago        166MB
```

但此时 myweb-1 容器仍然在运行，可以使用 docker ps 命令查看。

4）可以使用 docker save 命令将镜像 myhttpd 导出为文件 myhttpd.tar。

```
[root@localhost ~]# docker  save  -o  myhttp.tar  myhttpd
```

5）使用 ls 命令查看，可以看到镜像已经导出为 myhttp.tar 文件。

```
[root@localhost ~]# ls
anaconda-ks.cfg  config  Desktop  Documents  Downloads  initial-setup-ks.cfg  Music  myhttp.tar
Pictures  Public  Templates  Videos  yumback
```

6）也可以将容器直接导出为文件，如将 myweb-2 容器导出为 myhttpd2.tar 文件。

```
[root@localhost ~]# docker  export  -o  myhttpd2.tar  myweb-2
```

7）使用 ls 命令查看，可以看到镜像已经导出为 myhttpd2.tar 文件。

```
[root@localhost ~]# ls
anaconda-ks.cfg    Desktop    Documents    initial-setup-ks.cfg    myhttpd2.tar    Pictures    config
Downloads  Music  myhttp.tar    Public    Templates    Videos
```

8）强制删除运行的容器 myweb-1、myweb-2。

```
[root@localhost ~]# docker  rm  -f  myweb-1
myweb-1
[root@localhost ~]# docker rm -f myweb-2
myweb-2
```

9）删除镜像 myhttpd。

```
[root@localhost ~]# docker  rmi  myhttpd
Untagged: myhttpd:latest
Deleted: sha256:acf9f70b5016f027d8ef35a6ccbf7138a3339a527a9566807110f03ae98888e3
Deleted: sha256:7eeb72f7a099bb33e58f0cb4b5bc3f18a6eedf7653f32a6999d927dfe5eee81f
```

10）使用 docker load 命令，导入 myhttp.tar 备份文件。

```
[root@localhost ~]# docker  load  -i  myhttp.tar
12145bbce20f: Loading  layer  [================================================>]
8.192kB/8.192kB
Loaded image: myhttpd:latest
```

11）使用 docker import 命令，将 myhttpd2.tar 文件导入系统。

```
[root@localhost ~]# docker  import  myhttpd2.tar  myhttpd2
sha256:457f0fc76d934c4bf01a4a9dd31452e1d4d7e9592bb48f31e15e38094efe96ef
```

12）查看当前镜像，可以看到镜像 myhttpd、myhttpd2。

```
[root@localhost ~]# docker    images
REPOSITORY          TAG                 IMAGE ID            CREATED             SIZE
myhttpd2            latest              457f0fc76d93        47 seconds ago      162MB
myhttpd             latest              acf9f70b5016        34 minutes ago      166MB
httpd               latest              8326be82abe6        8 days ago          166MB
```

13）重新运行镜像 myhttpd。

```
[root@localhost ~]# docker    run    -di    myhttpd
1726eb98702cff45b44fbdf1258d25bdd49c831bd61fe229d91f9660569ac9fd
```

14）重新运行镜像 myhttpd2。

```
[root@localhost ~]# docker run -di --name myweb-2 -p 8081:80 -v /root/html:/usr/local/apache2/htdocs
myhttpd2    httpd-foreground
5a90dbf37dcf44c28c2b30efca382131131caa614355948e0ee153c673ef4f9c
```

需要指出的是，通过 export、import 还原的镜像要重新运行时，docker run 命令后必须加原有的选项及容器命令。原有命令可以在容器打包前通过 docker ps 命令查看，如本例的容器命令为 httpd-foreground。

通过以上案例发现，既可以使用 save、load 命令来导出、导入镜像，也可以使用export、import 命令来导出、导入一个容器快照到本地镜像库。

两者的区别在于，export、import 方式将会丢弃所有的历史记录和元数据信息，而save、load 方式将保存完整记录，体积也会更大。export、import 方式相当于容器快照，在运行镜像时也需要添加原有的选项及容器命令。

7. 搭建私有仓库

在 Docker 中，当执行 docker pull 命令的时候，系统实际上是从 registry.hub.docker.com 这个地址去查找镜像，这就是 Docker 的公共仓库。新星公司认识到，公司内部分享的镜像上传到公共仓库有所不妥，因此信息中心决定搭建私有仓库，解决公司内部镜像共享问题。

1）Docker 提供了一个搭建私有仓库的镜像 registry，将其从公共仓库拉下来。

```
[root@localhost ~]# docker    pull    registry
Using default tag: latest
latest: Pulling from library/registry
486039affc0a: Pull complete
ba51a3b098e6: Pull complete
8bb4c43d6c8e: Pull complete
6f5f453e5f2d: Pull complete
42bc10b72f42: Pull complete
Digest: sha256:7d081088e4bfd632a88e3f3bcd9e007ef44a796fddfe3261407a3f9f04abe1e7
Status: Downloaded newer image for registry:latest
docker.io/library/registry:latest
```

2）registry 默认会将上传的镜像保存在容器的/var/lib/registry 目录，新星公司计划将其挂载到本地/opt/registry 目录。创建挂载目录的命令如下。

```
[root@localhost ~]# mkdir /opt/registry
```

3）运行镜像 registry。

```
[root@localhost ~]# docker run -d -v /opt/registry:/var/lib/registry -p 5000:5000 --name myregistry
registry
    331c3cd409900e452e2f34a82ad7f72ce4a7ee1f5094aabdded54f4ce29af459
```

4）启动容器后，打开浏览器，在地址栏中输入"http://192.168.100.10:5000/v2/_catalog"，按〈Enter〉键后出现如图 9-20 所示的页面，说明 registry 运行正常。

图 9-20　registry 测试页面

5）查看本地镜像。

```
[root@localhost ~]# docker    images
REPOSITORY              TAG              IMAGE ID         CREATED          SIZE
myhttpd2                latest           457f0fc76d93     3 hours ago      162MB
myhttpd                 latest           acf9f70b5016     4 hours ago      166MB
```

6）修改 daemon.json 文件。

```
[root@localhost ~]# vim    /etc/docker/daemon.json
{
    "registry-mirrors": ["http://hub-mirror.c.163.com"],
    "insecure-registries":["192.168.100.10:5000"]
}
```

7）重启 docker。

```
[root@localhost ~]# systemctl    restart    docker
```

8）启动容器 myregistry。

```
[root@localhost ~]# docker    start    myregistry
myregistry
```

9）将 myhttpd 镜像标记为私有镜像。

```
[root@localhost ~]# docker    tag    myhttpd    192.168.100.10:5000/myhttpd
```

10）将 myhttpd 镜像上传到私有仓库。

```
[root@localhost ~]# docker    push    192.168.100.10:5000/myhttpd
The push refers to repository [192.168.100.10:5000/myhttpd]
```

```
12145bbce20f: Pushed
c428f9ce0941: Pushed
020f1f146e60: Pushed
040c309b01bf: Pushed
fd8cb7ba1791: Pushed
c3a984abe8a8: Pushed
latest: digest: sha256:82fbed024daf19b5cbc6647769af17605e4a005e857f6c99bfd7e2fd1a6a3552 size: 1574
```

11）要测试私有仓库下载镜像，先强制删掉本地原有镜像。

```
[root@localhost ~]# docker   rmi   -f   192.168.100.10:5000/myhttpd
```

12）下载私有仓库镜像到本地。

```
[root@localhost ~]# docker   pull   192.168.100.10:5000/myhttpd
```

13）通过浏览器也可以查看私有仓库的镜像。打开浏览器，在地址栏中输入"http://192.168.100.10:5000/v2/_catalog"，按〈Enter〉键后页面上显示私有仓库中的镜像，如图 9-21 所示。

图 9-21　查看私有仓库镜像

9.5　本章总结

云计算技术近年来已经得到比较广泛的应用，虚拟化技术是云计算的基石，容器技术也是一种非常重要的云计算技术。本章重点内容如下。

1）虚拟化技术的基本概念。

2）容器技术的基本概念。

3）Linux 下 KVM 的安装，虚拟机的创建与管理。

4）Linux 下 Docker 的安装及应用，Docker 容器管理技术。

9.6　习题与实训

一、填空题

1．虚拟化技术可以分为_____、_____及_____。

2．KVM 体系一般包括_____、_____和_____三个部分。

3．Docker 的三大核心概念是_____、_____和_____。

4. _____是 Docker 镜像存放的场所。

5. 安装 KVM 的服务器 CPU 必须支持_____技术，否则不能安装 KVM。

6. Docker 中显示所有容器的完整命令是_____。

7. 容器是镜像的_____。

二、选择题

1. 以下属于开源虚拟化软件的是_____。

    A．XEN   B．Hyper-V

    C．KVM   D．Fusion Compute

2. KVM 中查看虚拟机信息的命令是_____。

    A．virsh destroy   B．virsh dominfo

    C．virsh undefined   D．virsh list

3. 配置 Docker 镜像加速，需要修改_____配置文件。

    A．/etc/docker/docker.conf   B．/etc/ docker.conf

    C．/etc/ daemon.json   D．/etc/docker/daemon.json

4. 从 Docker 镜像仓库拉取镜像的命令是_____。

    A．docker search   B．docker pull

    C．docker push   D．docker get

5. docker run 命令中实现目录挂载的选项是_____。

    A．--name   B．--link

    C．-p   D．-v

6. Docker 删除本地镜像的命令_____。

    A．docker rmi   B．docker rm

    C．docker remove   D．docker del

三、简答题

1. 容器技术与虚拟化技术相比有什么优点？

2. 宿主机中如何配置 KVM 的桥接网卡？

3. 简述 Docker 中如何用 save、load 方式实现容器的备份与迁移。

四、实训

1. Linux 下搭建 KVM 并安装虚拟机

实训目的：掌握 KVM 的安装；掌握 KVM 中创建、安装虚拟机；掌握 KVM 中虚拟机的网络设置。

实训环境：网络环境中装有 CentOS 7 操作系统的计算机。

实训步骤：

1）检测本机能否安装 KVM。

2）配置 yum 源。

3）安装 KVM 组件：bridge-utils、qemu-kvm、qemu-img、virt-manager、virt-install、libvirt、libvirt-python、libvirt-client、bridge-utils。

4）配置桥接网卡。

5）上传 CentOS 7 的 ISO 文件。

6）创建 CentOS 7 虚拟机，网络连接方式为桥接。

7）安装 CentOS 7 虚拟机。

8）测试虚拟机的网络。

9）将虚拟机的网络连接方式改为 NAT，再次测试虚拟机网络。

10）撰写实训报告。

2．Linux 下 Docker 的搭建与应用

实训目的：掌握 Docker 的安装；掌握 Docker 中的应用部署；掌握 Docker 的管理与维护。

实训环境：网络环境中装有 CentOS 7 操作系统的计算机。

实训步骤：

1）检查本机是否支持虚拟化技术。

2）配置 IP 地址、DNS 地址，检查本机能否正常访问互联网。

3）配置 Docker-ce 的网络 yum 源，可采用国内镜像 yum 源。

4）安装 Docker-ce。

5）启动 Docker，并检查 Docker 版本。

6）从镜像仓库拉取 Nginx 镜像。

7）创建本地目录/opt/nginx，并创建测试页面，以备 Nginx 容器挂载。

8）运行 Nginx 镜像，将 Nginx 容器的 80 端口映射到宿主机的 80 端口，Nginx 容器的站点目录/etc/nginx/html 挂载到宿主机的/opt/nginx 目录。

9）测试 Nginx 容器，看是否能打开创建的测试页面。

10）使用 docker commit 命令将 Nginx 容器打包成镜像。

11）创建私有仓库容器。

12）将刚打包的镜像上传到私有仓库。

13）撰写实训报告。

第10章　综合实训——PXE、LAMP 与 LNMP

前面章节介绍的内容都局限于单个服务。对于目前网络管理与维护而言，网络管理员要具备服务器管理的综合技能，多个 1+X 职业技能等级证书也体现了这一要求。本章讲解几个典型的综合实训案例，加强读者对服务器综合管理技能的训练。

10.1　学习情境设计

10.1.1　学习情境导入

新星公司的信息系统在信息中心运维人员的管理下，一直平稳运行，这为新星公司的业务发展提供了良好的基础信息环境。但公司信息中心主管忧患意识较强，认为信息系统运维太过顺利反而对运维人员的技能提升、职业素养培养不见得有利。因此，经过公司总部批准，信息中心决定开展运维人员技能比武。

信息中心主管经过慎重考虑，将对服务器综合管理技能要求比较高的三个应用场景作为本次技能比武的项目，这三个应用场景就是通过 PXE 方式批量安装 CentOS 7 操作系统、CentOS 7 下 LAMP 环境搭建及应用、LNMP 环境搭建及应用。

10.1.2　教学导航

通过本章的学习与实训，读者可以掌握通过 PXE 方式批量安装 CentOS 7 操作系统、CentOS 7 下 LAMP 环境搭建与应用系统部署、LNMP 环境搭建与应用系统部署等技能。教学导航如表 10-1 所示。

表 10-1　教学导航

章节重点	1）通过 PXE 方式批量安装 CentOS 7 操作系统； 2）CentOS 7 下 LAMP 环境搭建与应用系统部署； 3）CentOS 7 下 LNMP 环境搭建与应用系统部署
章节难点	1）CentOS 7 下 LAMP 环境搭建与应用系统部署； 2）CentOS 7 下 LNMP 环境搭建与应用系统部署
技能目标	能够完成复杂环境下多服务的安装、配置与应用部署等工作任务
知识目标	1）掌握通过 PXE 方式批量安装 CentOS 7 操作系统的方法； 2）掌握 CentOS 7 下 LAMP 环境搭建与应用系统部署的方法； 3）掌握 CentOS 7 下 LNMP 环境搭建与应用系统部署的方法
建议学习方法	动手实践复杂环境下多服务的安装、配置与应用部署，在实践中总结服务器配置与管理经验

10.2　基础知识

10.2.1　PXE

PXE（Preboot eXecution Environment 的意思是预启动执行环境），是 Intel 公司推出的一

款通过网络来引导操作系统的协议。PXE 协议结合了 DHCP 和 TFTP，DHCP 用于查找网络中的客户端，TFTP 用于下载初始引导程序和附加文件。PXE 服务器和客户机的工作过程如下。

1）PXE 客户机发出 DHCP 请求，向服务器申请 IP 地址。

2）DHCP 服务器响应 PXE 客户机的请求，自动从 IP 地址池中分配一个 IP 地址给 PXE 客户机，并且告知 PXE 客户机 TFTP（Trivial File Transfer Protocol，简单文件传输协议）服务器的 IP 地址和 PXE 引导程序文件 pxelinux.0。

3）PXE 客户机向 TFTP 服务器发起获取 pxelinux.0 引导程序文件的请求。

4）TFTP 服务器响应 PXE 客户机的请求，将其共享的 pxelinux.0 文件传输给 PXE 客户机。

5）PXE 客户机通过网络启动系统安装主界面。

6）PXE 客户机向文件共享服务器（HTTP 或 FTP）发起获取 CentOS 或 Windows 系统安装文件的请求。

7）文件共享服务响应 PXE 客户机的请求，将共享的系统安装文件传输给 PXE 客户机。

8）PXE 客户机进入安装提示向导界面，用户完成安装操作系统。

10.2.2　LAMP 与 LNMP

第 8 章介绍的 Web 服务仅仅针对静态站点，如果搭建动态站点就需要 Web 服务、动态脚本语言和数据库的支持了。Linux 系统中搭建动态站点的常见环境有 LAMP、LNMP 两种。LAMP 中的 L 表示 Linux，A 表示 Apache，M 表示 MySQL 或 MariaDB，P 表示 PHP。LNMP 指的是 Linux+Nginx+MySQL（或 MariaDB）+PHP。LAMP 或 LNMP 是一组常用来搭建动态网站或服务器的开源软件。它们中的组件都是各自独立的程序，但是因为常被放在一起使用，拥有了越来越高的兼容度，共同组成了一个强大的 Web 应用程序平台。随着开源潮流的蓬勃发展，开放源代码的 LAMP 和 LNMP 越来越受到重视，且用该平台开发的项目在软件方面的投资成本较低，因此受到整个 IT 界的关注。

10.3　工作任务 22——PXE 批量安装 CentOS 7 操作系统

工作任务 22

10.3.1　任务目的

新星公司信息中心技能比武的第一个项目是搭建 CentOS 7 系统，将此系统作为 PXE 母机。通过 PXE 母机实现网络中其他计算机操作系统的安装，要求计算机操作系统与母机操作系统一致。

10.3.2　任务规划

PXE 母机操作系统为 CentOS 7（安装 GNOME 桌面），IP 地址为 192.168.100.10，网络中批量安装的操作系统与母机操作系统一致。

10.3.3　PXE 母机基础配置

为 PXE 母机安装 CentOS 7 操作系统。

1）配置 IP 地址。

    [root@localhost ~]# vim   /etc/sysconfig/network-scripts/ifcfg-ens33

```
TYPE=Ethernet
BOOTPROTO=static
NAME=ens33
DEVICE=ens33
ONBOOT=yes
IPADDR=192.168.100.10
PREFIX=24
GATEWAY=192.168.100.2
DNS1=8.8.8.8
```

2）关闭防火墙。

```
[root@localhost ~]# systemctl stop firewalld
[root@localhost ~]# systemctl disable firewalld
```

3）关闭 SELinux。

```
[root@localhost ~]# vim /etc/selinux/config
SELINUX=disabled
SELINUXTYPE=targeted
```

4）重启系统。

```
[root@localhost ~]# reboot
```

5）配置本地 yum 源。

```
[root@localhost ~]# mv   /etc/yum.repos.d/C*   /opt
[root@localhost ~]# mount   /dev/cdrom   /mnt
[root@localhost ~]# vim   /etc/yum.repos.d/centos7.repo
[centos7]
name=centos 7
baseurl=file:///mnt
gpgcheck=0
enable=1
```

10.3.4　安装配置 DHCP 服务

PXE 母机需要安装 DHCP 服务，为网络中的计算机分配 IP 地址。

1）使用 yum 命令安装 DHCP 服务。

```
[root@localhost ~]# yum clean all
[root@localhost ~]# yum makecache
[root@localhost ~]# yum install -y dhcp
```

2）使用 vim 编辑器修改 DHCP 服务的主配置文件。

```
[root@localhost ~]# vim /etc/dhcp/dhcpd.conf
allow booting;
allow bootp;
log-facility local7;
```

```
    subnet 192.168.100.0    netmask 255.255.255.0 {
    option subnet-mask 255.255.255.0;
    option domain-name-servers 192.168.100.10;
    range dynamic-bootp 192.168.100.100 192.168.100.200;
    default-lease-time 21600;
    max-lease-time 43200;
    next-server 192.168.100.10;
    filename "pxelinux.0";
    }
```

3）启动 DHCP 服务。

```
[root@localhost ~]# systemctl start dhcpd
[root@localhost ~]# systemctl enable dhcpd
```

10.3.5 安装配置 tftp、xinetd 服务

tftp 为客户端提供引导文件 pxelinux.0，tftp 服务依赖 xinetd 服务。

1）使用 yum 命令安装 xinetd、tftp-server。

```
[root@localhost ~]# yum install xinetd -y
[root@localhost ~]# yum install tftp-server -y
```

2）修改 tftp 的配置文件。

```
[root@localhost ~]# vim /etc/xinetd.d/tftp
service tftp
{
        socket_type             = dgram
        protocol                = udp
        wait                    = yes
        user                    = root
        server                  = /usr/sbin/in.tftpd
        server_args             = -s /var/lib/tftpboot
        disable                 = no
        per_source              = 11
        cps                     = 100 2
        flags                   = IPv4
}
```

可以看到 tftp 服务的站点路径为/var/lib/tftpboot。

3）启动 xinetd、tftp 服务。

```
[root@localhost ~]# systemctl start xinetd
[root@localhost ~]# systemctl enable xinetd
[root@localhost ~]# systemctl start tftp
[root@localhost ~]# systemctl enable tftp
```

10.3.6 安装 syslinux

1）安装 syslinux 需要获取引导文件。使用 yum 命令安装 syslinux 的命令如下。

```
[root@localhost ~]# yum install syslinux -y
```

2）复制引导文件到 tftp 服务的/var/lib/tftpboot 目录。

```
[root@localhost ~]# cp -a /usr/share/syslinux/pxelinux.0 /var/lib/tftpboot/
```

3）复制 CentOS 7 镜像中的引导文件（注意光驱挂载的位置，本例光驱挂载到了/mnt 目录）。

```
[root@localhost ~]# cp -a /mnt/images/pxeboot/initrd.img /var/lib/tftpboot/
[root@localhost ~]# cp -a /mnt/images/pxeboot/vmlinuz /var/lib/tftpboot/
[root@localhost ~]# cp -a /mnt/isolinux/vesamenu.c32 /var/lib/tftpboot/
[root@localhost ~]# cp -a /mnt/isolinux/boot.msg /var/lib/tftpboot/
[root@localhost ~]# mkdir /var/lib/tftpboot/pxelinux.cfg
[root@localhost ~]# cp -a /mnt/isolinux/isolinux.cfg    /var/lib/tftpboot/pxelinux.cfg/default
```

4）修改/var/lib/tftpboot/pxelinux.cfg/default 文件。

```
[root@localhost ~]# vim /var/lib/tftpboot/pxelinux.cfg/default
```

修改配置文件中的第 1 行，使客户端安装系统时在 GRUB 界面自动选择。

```
default linux
```

修改配置文件中的第 64 行，定义 initrd 启动文件，定义 Linux 自动化安装文件 ks.cfg 的位置。安装操作系统引导之后，可以通过读取 ks.cfg 文件来进行系统的自动安装。本例将 ks.cfg 文件放到 httpd 服务上。

```
append initrd=initrd.img ks=http://192.168.100.10/ks/ks.cfg
```

10.3.7　安装 httpd 服务

可以通过搭建 httpd 服务，提供安装镜像文件的下载，当然也可以通过 FTP 服务提供镜像文件下载。本例通过 httpd 服务提供镜像文件下载。

1）使用 yum 命令安装 httpd 服务。

```
[root@localhost ~]# yum install httpd -y
```

2）启动 httpd 服务。

```
[root@localhost ~]# systemctl start httpd
[root@localhost ~]# systemctl enable httpd
```

3）创建目录，复制 ks.cfg 文件。

```
[root@localhost ~]# mkdir /var/www/html/ks
[root@localhost ~]# cp -a /root/anaconda-ks.cfg    /var/www/html/ks/ks.cfg
```

放开 ks.cfg 文件权限。

```
[root@localhost ~]# chmod 777 /var/www/html/ks/ks.cfg
```

4）创建目录，挂载 CentOS 7 的安装镜像。

```
[root@localhost ~]# mkdir /var/www/html/centos7
[root@localhost ~]# mount /dev/cdrom /var/www/html/centos7
```

5）修改/var/lib/tftpboot/ks.cfg 配置文件。

```
[root@localhost ~]# vim /var/www/html/ks/ks.cfg
```

将配置文件中第 5 行的 cdrom 替换成以下内容。

```
url --url="http://192.168.100.10/centos7"
```

10.3.8 网络客户机测试

在新建测试客户机之前，将 VMware WorkStation 虚拟网络编辑器中的 DHCP 功能关闭。

1）单击 VMware WorkStation 的"编辑"菜单，选择"虚拟网络编辑器"命令，打开"虚拟网络编辑器"对话框。PXE 母机采用的是 NAT 连接，选择"NAT 模式"单选按钮，取消勾选下方的"使用本地 DHCP 服务将 IP 地址分配给虚拟机"复选框，如图 10-1 所示。DHCP 客户端在获取 IP 地址的时候，采用网络中最早接收到的 IP 地址信息，如果不关闭软件的 DHCP 功能，PXE 客户机开机后获取的 IP 有可能是 VMware WorkStation 软件提供的，从而导致自动安装系统失败。

2）单击 VMware WorkStation 的"开始"菜单，选择"新建虚拟机"命令，打开新建虚拟机向导，创建一个 CentOS 7 虚拟机。注意网络连接方式与 PXE 母机相同，不要设置光驱与 ISO 映像文件，如图 10-2 所示。

图 10-1　关闭软件的 DHCP 服务

图 10-2　PXE 客户机设置

3）PXE 客户机创建完成后启动电源，客户机会向网络中的 DHCP 服务器申请 IP 地址，如图 10-3 所示。

4）客户机获取 IP 地址后，从 TFTP 自动载入 vmlinuz、initrd.img 文件，如图 10-4 所示。之后自动载入其他安装文件。

图 10-3　申请 IP 地址 　　　　　　　　　图 10-4　载入 vmlinuz、initrd.img 文件

5）之后自动进入 CentOS 7 安装界面，不需要人工干预，如图 10-5 所示。系统自动安装完成后，需要手动单击"Reboot"按钮重启系统，如图 10-6 所示。

6）系统重启，接受许可协议后就可以进入系统了。由于系统自动安装文件 ks.cfg 是直接复制 PXE 母机的 anaconda-ks.cfg 文件，所以客户机系统的账户、密码及其他一些设置与 PXE 母机相同。

图 10-5　自动安装操作系统 　　　　　　　　　图 10-6　手动重启系统

10.3.9　kickstart 应用

通过 PXE 自动批量安装 CentOS 7 操作系统可以看到，客户机在自动化安装过程中安装参数的选择是依靠 ks.cfg 文件实现的。上例中的 ks.cfg 文件是通过修改 PXE 母机的 /root/anaconda-ks.cfg 实现的。

红帽公司创建了 kickstart，通过使用 kickstart 系统管理员能够创建 ks.cfg 文件，使用新创建的 ks.cfg 文件替换原有文件。

图形化 kickstart 使用的 yum 源名称必须是 development，否则在图形化界面下安装软件包无法选择。

1）更改 yum 源配置。

```
[root@localhost ~]# mv /etc/yum.repos.d/centos7.repo /etc/yum.repos.d/centos7.repo.bak
[root@localhost ~]# vim /etc/yum.repos.d/development.repo
[development]
name=development
baseurl=file:///mnt
gpgcheck=0
enable=1
```

工作任务 22
kickstart 应用

2）使用 yum 命令安装 system-config-kickstart。

```
[root@localhost ~]# yum clean all
[root@localhost ~]# yum makecache
[root@localhost ~]# yum install -y system-config-kickstart
```

3）在命令提示符下执行命令 system-config-kickstart，打开 kickstart 图形化界面，单击左侧列表框中的"Basic Configuration"，设置默认语言、键盘类型、时区、root 口令，勾选"Reboot system after installation"复选框，如图 10-7 所示。系统自动安装完成后将自动重启。

4）单击左侧列表框中的"Installation Method"，选择"Perform new installation"单选按钮，选择"HTTP"单选按钮，在右侧的文本框中分别输入"192.168.100.10"及"centos7"，如图 10-8 所示。

图 10-7　kickstart 基础设置　　　　　　　　图 10-8　设置安装方式

5）单击左侧列表框中的"Boot Loader Options"，设置启动载入选项，选择"Install new boot loader"及"Install boot loader on Master Boot Record"单选按钮，如图 10-9 所示。

6）单击左侧列表框中的"Partition Information"，设置分区。选择"Clear Master Boot Record""Remove all existing partitions"及"Initialize the disk label"单选按钮，如图 10-10 所示。

图 10-9　设置启动载入项　　　　　　　　　　图 10-10　设置分区

7）单击下方的"Add"按钮，添加 swap 分区，大小设置为 1024MB，如图 10-11 所示。

8）继续添加分区，设置/boot 分区，文件系统类型设置为"xfs"，大小设置为 500MB，如图 10-12 所示。

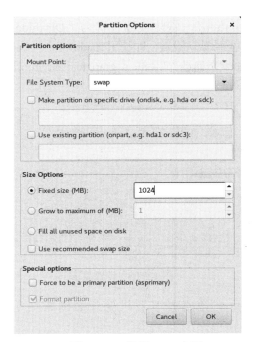

图 10-11 设置 swap 分区

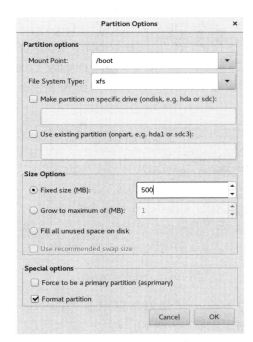

图 10-12 设置/boot 分区

9）添加根分区，文件系统类型设置为"xfs"，在大小选项组中选择"Fill all unused space on disk"单选按钮，如图 10-13 所示。

10）单击左侧列表框中的"Network Configuration"，设置网络。单击"Add Network Device"按钮，在弹出的对话框中输入网络设备名称"ens33"，网络类型设置为"DHCP"，如图 10-14 所示。

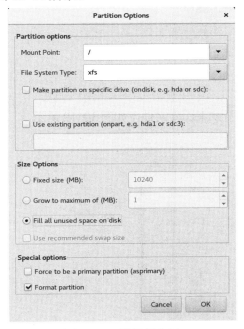

图 10-13 设置根分区

图 10-14 设置网络

11）单击左侧列表框中的"Firewall Configuration"，将防火墙设置为"Disabled"，如图 10-15 所示。在"Authentication"身份认证界面中保持默认设置，即使用 shadows 文件认证。

12）单击左侧列表框中的"Display Configuration"，勾选"Install a graphical environment"复选框，安装图形环境，如图 10-16 所示。

图 10-15　设置防火墙

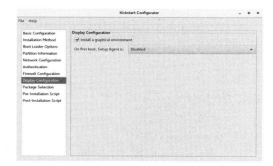

图 10-16　设置显示

13）单击左侧列表框中的"Package Selection"，选择客户机要安装的软件包，如 GNOME 桌面，如图 10-17 所示。

14）分别单击左侧列表框中的"Pro-Installation Script"及"Post-Installation Script"，设置安装前及安装后要执行的脚本，本例不填，如图 10-18 所示。

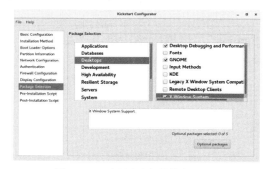

图 10-17　设置要安装的软件包

图 10-18　设置安装前要执行的脚本

15）kickstart 设置完成后，可以从"File"菜单导出 ks.cfg 文件，如图 10-19 所示。

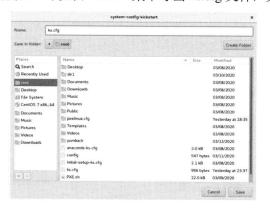

图 10-19　导出 ks.cfg 文件

16）ks.cfg 文件导出后，使用 cp 命令将原有的/var/www/html/ks/ks.cfg 文件覆盖掉。

```
[root@localhost ~]# cp -a /root/ks.cfg /var/www/html/ks/ks.cfg
```

17）重新创建一个 CentOS 7 客户机，启动电源测试，可以看到系统自动安装完成，自动重启，一直到安装完成进入系统登录界面，全程不需要人工干预。

以下是使用 kickstart 自动生成的 ks.cfg 文件，有兴趣的读者可以与第 10.3.7 节中系统的/root/anaconda-ks.cfg 文件比较，看看有什么不同。

```
[root@localhost ~]# cat /var/www/html/ks/ks.cfg
#platform=x86, AMD64, or Intel EM64T
#version=DEVEL
# Install OS instead of upgrade
install
# Keyboard layouts
keyboard 'us'
# Root password
rootpw --iscrypted $1$WPcnU/M0$fuH7M8YlZueQBm9GDLiuM0
# Use network installation
url --url="http://192.168.100.10/centos7"
# System language
lang en_US
# System authorization information
auth   --useshadow   --passalgo=sha512
# Use graphical install
graphical
firstboot --disable
# SELinux configuration
selinux --disabled
# Firewall configuration
firewall --disabled
# Network information
network   --bootproto=dhcp --device=ens33
# Reboot after installation
reboot
# System timezone
timezone Asia/Shanghai
# System bootloader configuration
bootloader --location=mbr
# Clear the Master Boot Record
zerombr
# Partition clearing information
clearpart --all --initlabel
# Disk partitioning information
part swap --fstype="swap" --size=1024
part /boot --fstype="xfs" --size=500
```

```
part / --fstype="xfs" --grow --size=10240
%packages
@desktop-debugging
@gnome-apps
@gnome-desktop
@internet-applications
@internet-browser
@x11
%end
```

10.4　工作任务 23——在 CentOS 7 中搭建 LAMP 并部署 EduSoho

10.4.1　任务目的

新星公司信息中心技能比武的第二个项目是在 CentOS 7 操作系统中搭建 LAMP 环境，即在 CentOS 7 系统中搭建 Apache、MySQL（或 MariaDB）和 PHP 环境，在 LAMP 环境中部署开源网校 EduSoho 应用系统。

10.4.2　任务规划

CentOS 7 操作系统规划系统 IP 地址为 192.168.100.10，Web 服务采用 Apache 2.4，数据库采用 MariaDB 5.5，PHP 采用 PHP 7.4，EduSoho 采用 8.6 版本。

10.4.3　CentOS 7 基础环境配置

1）在 CentOS 7 系统中修改网卡配置文件，确保能够访问互联网。

```
[root@localhost ~]# vim /etc/sysconfig/network-scripts/ifcfg-ens33
TYPE=Ethernet
BOOTPROTO=static
NAME=ens33
DEVICE=ens33
ONBOOT=yes
IPADDR=192.168.100.10
PREFIX=24
GATEWAY=192.168.100.2
DNS1=8.8.8.8
```

工作任务 23

2）关闭防火墙。

```
[root@localhost ~]# systemctl stop firewalld
[root@localhost ~]# systemctl disable firewalld
```

3）关闭 SELinux。

```
[root@localhost ~]# vim /etc/selinux/config
SELINUX=disabled
SELINUXTYPE=targeted
```

4）重启系统。

```
[root@localhost ~]# reboot
```

5）配置网络 yum 源。

```
[root@localhost ~]# mkdir /opt/yumback
[root@localhost ~]# mv /etc/yum.repos.d/* /opt/yumback/
[root@localhost ~]# wget -O /etc/yum.repos.d/CentOS-Base.repo http://mirrors.aliyun.com/repo/Centos-7.repo
```

清除 yum 缓存。

```
[root@localhost ~]# yum clean all
[root@localhost ~]# yum makecache
```

6）升级 CentOS 7 系统。

```
[root@localhost ~]# yum update -y
```

10.4.4 安装 Apache

1）使用 yum 命令安装 Apache。

```
[root@localhost ~]# yum install httpd -y
```

2）启动 Apache。

```
[root@localhost ~]# systemctl start httpd
[root@localhost ~]# systemctl enable httpd
```

3）查看 Apache 版本。

```
[root@localhost ~]# httpd -v
Server version: Apache/2.4.6 (CentOS)
Server built:    Aug   8 2019 11:41:18
```

10.4.5 安装 PHP

1）配置 epel、remi 网络 yum 源，启用 PHP 7.4 Remi 存储库。

```
[root@localhost ~]# yum -y install https://dl.fedoraproject.org/pub/epel/epel-release-latest-7.noarch.rpm
[root@localhost ~]# yum -y install https://rpms.remirepo.net/enterprise/remi-release-7.rpm
[root@localhost ~]# yum -y install yum-utils
[root@localhost ~]# yum-config-manager --enable remi-php74
[root@localhost ~]# yum clean all
[root@localhost ~]# yum makecache
```

2）检查之前安装的 PHP 软件包。

```
[root@localhost ~]# yum list installed |grep php
```

如果之前安装过 PHP，建议将旧版本删掉，以免出现版本冲突。

```
[root@localhost ~]# yum -y remove php*
```

3）目前，PHP 8.0 版本是开发版，建议安装 PHP 7.4 版本。使用 yum 命令安装 php74-php、php74-php-gd、php74-php-mysqlnd、php74-php-pecl-mysql、php74-php-pecl-mysql-xdevapi、php74-php-opcache、php74-php-pecl-memcache、php74-php-pecl-memcached、php74-php-pecl-redis、php74-php-mbstring、php74-php-xml 文件。

```
[root@localhost ~]# yum install -y php74-php php74-php-gd php74-php-mysqlnd php74-php-pecl-mysql
php74-php-pecl-mysql-xdevapi  php74-php-opcache  php74-php-pecl-memcache  php74-php-pecl-memcached
php74-php-pecl-redis php74-php-mbstring   php74-php-xml
```

4）在 LAMP 环境中，PHP 可以作为 Apache 服务的一个模块来加载。重启 httpd 服务的命令如下。

```
[root@localhost ~]# systemctl restart httpd
```

5）检查 PHP 版本。

```
[root@localhost ~]# /usr/bin/php74   -v
PHP 7.4.4 (cli) (built: Mar 17 2020 10:40:21) ( NTS )
Copyright (c) The PHP Group
Zend Engine v3.4.0, Copyright (c) Zend Technologies
        with Zend OPcache v7.4.4, Copyright (c), by Zend Technologies
```

10.4.6　安装 MariaDB

1）使用 yum 命令安装 MariaDB 数据库。

```
[root@localhost ~]# yum install -y mariadb mariadb-server
```

2）启动 MariaDB 数据库。

```
[root@localhost ~]# systemctl start mariadb
[root@localhost ~]# systemctl enable mariadb
```

3）对数据库 MariaDB 进行初始化操作，设置 root 口令。

```
[root@localhost ~]# mysql_secure_installation
NOTE: RUNNING ALL PARTS OF THIS SCRIPT IS RECOMMENDED FOR ALL MariaDB
        SERVERS IN PRODUCTION USE!   PLEASE READ EACH STEP CAREFULLY!
In order to log into MariaDB to secure it, we'll need the current
password for the root user.   If you've just installed MariaDB, and
you haven't set the root password yet, the password will be blank,
so you should just press enter here.
Enter current password for root (enter for none):                //按<Enter>键
OK, successfully used password, moving on...
Setting the root password ensures that nobody can log into the MariaDB
root user without the proper authorisation.
Set root password? [Y/n] y                                       //输入 y，按<Enter>键
New password:                                                    //输入 root 口令，不显示
Re-enter new password:                                           //确认 root 口令，不显示
Password updated successfully!
Reloading privilege tables..
```

... Success!

By default, a MariaDB installation has an anonymous user, allowing anyone
to log into MariaDB without having to have a user account created for
them.　This is intended only for testing, and to make the installation
go a bit smoother.　You should remove them before moving into a
production environment.

Remove anonymous users? [Y/n] y   //输入 y，按<Enter>键

　... Success!

Normally, root should only be allowed to connect from 'localhost'.　This
ensures that someone cannot guess at the root password from the network.

Disallow root login remotely? [Y/n] y   //输入 y，按<Enter>键

　... Success!

By default, MariaDB comes with a database named 'test' that anyone can
access.　This is also intended only for testing, and should be removed
before moving into a production environment.

Remove test database and access to it? [Y/n] y   //输入 y，按<Enter>键

　- Dropping test database...

　... Success!

　- Removing privileges on test database...

　... Success!

Reloading the privilege tables will ensure that all changes made so far
will take effect immediately.

Reload privilege tables now? [Y/n] y   //输入 y，按<Enter>键

　... Success!

Cleaning up...

All done!　If you've completed all of the above steps, your MariaDB
installation should now be secure.

Thanks for using MariaDB!

4）放开 Apache 服务 192.168.100.10 的远程访问权限。

[root@localhost ~]# mysql -uroot -p123456

Welcome to the MariaDB monitor.　Commands end with ; or \g.

Your MariaDB connection id is 31

Server version: 5.5.64-MariaDB MariaDB Server

Copyright (c) 2000, 2018, Oracle, MariaDB Corporation Ab and others.

Type 'help;' or '\h' for help. Type '\c' to clear the current input statement.

MariaDB [(none)]> GRANT ALL PRIVILEGES ON *.* to 'root'@'192.168.100.10' identified by
'123456';

Query OK, 0 rows affected (0.01 sec)

MariaDB [(none)]> **flush privileges;**

Query OK, 0 rows affected (0.00 sec)

MariaDB [(none)]>**exit**

5）查看 MariaDB 版本。

[root@localhost ~]# mysql --version

mysql　Ver 15.1 Distrib 5.5.64-MariaDB, for Linux (x86_64) using readline 5.1

10.4.7　测试 LAMP 环境

1．测试 PHP 环境

1）在 Apache 服务的默认站点目录创建 PHP 测试文件。

```
[root@localhost ~]# vim /var/www/html/info.php
<?php
phpinfo();
?>
```

2）重启 httpd 服务。

```
[root@localhost ~]# systemctl restart httpd
```

3）打开浏览器，在地址栏中输入"http://192.168.100.10/info.php"，按〈Enter〉键后，显示如图 10-20 所示的页面。

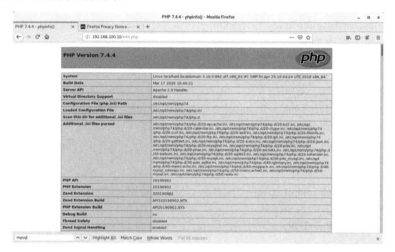

图 10-20　PHP 环境测试页面

2．测试 PHP 能否连接数据库 MariaDB

1）在 Apache 的默认站点目录下，创建测试页面，看是否能连接到 MariaDB 数据库。

```
[root@localhost ~]# vim /var/www/html/mariadbtest.php
<?php $conn=new mysqli("192.168.100.10","root","123456");
if($conn->connect_error){
    die("mariadb-link-faile:". $conn->connect_error);
}
echo "mariadb-link-ok";
?>
```

2）重启 httpd 服务。

```
[root@localhost ~]# systemctl restart httpd
```

3）打开浏览器，在地址栏中输入"http://192.168.100.10/mariadbtest.php"，按〈Enter〉键后如果在打开的页面中能显示"mariadb-link-ok"，则说明 PHP 连接 MariaDB 没有问题，

如图 10-21 所示。

图 10-21　PHP 连接 MariaDB 测试页面

10.4.8　部署 EduSoho

1．下载 EduSoho

从 EduSoho 中国官网（http://www.edusoho.com）下载 EduSoho 的安装包 edusoho-8.6.4.zip，使用 XFTP 等软件上传到服务器/root 目录下。

1）解压缩安装包。

```
[root@localhost ~]# unzip    edusoho-8.6.4.zip
```

2）将解压缩后的 edusoho 目录复制到/var/www/目录下。

```
[root@localhost ~]# cp -r edusoho /var/www/
```

3）放开/var/www/edusoho/app、/var/www/edusoho/web 目录权限。

```
[root@localhost ~]# chmod -R 777 /var/www/edusoho/app
[root@localhost ~]# chmod -R 777 /var/www/edusoho/web
```

2．配置 PHP

修改/etc/opt/remi/php74/php.ini 文件，将以下配置选项的参数值修改为 1024M，其他保持不变。

```
[root@localhost ~]# vim /etc/opt/remi/php74/php.ini
post_max_size = 1024M
memory_limit = 1024M
upload_max_filesize = 1024M
```

重启 Apache 服务。

```
[root@localhost ~]# systemctl restart httpd
```

3．创建 EduSoho 数据库

登录 MariaDB，创建 EduSoho 数据库。

```
[root@localhost ~]# mysql -uroot -p123456
Welcome to the MariaDB monitor.    Commands end with ; or \g.
Your MariaDB connection id is 12
Server version: 5.5.64-MariaDB MariaDB Server
Copyright (c) 2000, 2018, Oracle, MariaDB Corporation Ab and others.
```

```
Type 'help;' or '\h' for help. Type '\c' to clear the current input statement.
MariaDB [(none)]> create database edusoho default character set utf8;
Query OK, 1 row affected (0.01 sec)
MariaDB [(none)]> show databases;
+--------------------+
| Database           |
+--------------------+
| information_schema |
| edusoho            |
| mysql              |
| performance_schema |
+--------------------+
4 rows in set (0.01 sec)
MariaDB [(none)]> exit
```

4．配置 Edusoho 虚拟主机

1）在 hosts 文件中解析 www.myedusoho.com 主机。

```
[root@localhost ~]# vim /etc/hosts
127.0.0.1       localhost localhost.localdomain localhost4 localhost4.localdomain4
::1             localhost localhost.localdomain localhost6 localhost6.localdomain6
192.168.100.10  www.myedusoho.com
```

2）创建虚拟主机配置文件 edusoho.conf。

```
[root@localhost ~]# vim /etc/httpd/conf.d/myedusoho.conf
<VirtualHost www.myedusoho.com:80>
    ServerName www.myedusoho.com
    DocumentRoot "/var/www/edusoho/web"
    DirectoryIndex app.php index.php
</VirtualHost>
<Directory /var/www/edusoho/web>
    AllowOverride All
    Require all granted
</Directory>
```

3）修改/var/www/edusoho/web/.htaccess 文件，将 CGIPassAuth On 配置语句注释掉，其他保持不变。

```
[root@localhost ~]# vim /var/www/edusoho/web/.htaccess
#       CGIPassAuth On
```

4）重启 Apache 服务。

```
[root@localhost ~]# systemctl restart httpd
```

5．安装配置 EduSoho

1）打开浏览器，在地址栏中输入"http://www.myedusoho.com"，按〈Enter〉键后打开 EduSoho 的安装界面，如图 10-22 所示。

2）单击"同意协议，并开始安装"按钮，打开"环境检测"界面，该界面中显示的安

装 EduSoho 的必备要求必须满足，如图 10-23 所示。

图 10-22　EduSoho 安装界面

图 10-23　环境检测

3）安装环境满足后，单击"下一步"按钮。打开"创建数据库"界面，在各文本框中分别输入数据库服务器 IP 地址（或数据库主机名）、端口号、用户名、密码及数据库名称，如图 10-24 所示。可以选择将原有数据库覆盖。

4）数据库创建完成后，打开"初始化系统"界面。在各文本框中分别输入站点管理信息，如图 10-25 所示。

图 10-24　创建数据库

图 10-25　设置站点管理信息

5）单击"初始化系统"按钮，系统安装成功，如图 10-26 所示。

6）单击"进入系统"按钮，进入 Edusoho 系统，如图 10-27 所示。

图 10-26　安装成功

图 10-27　进入 Edusoho 系统

7）单击 Edusoho 系统右上角的"登录"按钮，打开系统登录界面，如图 10-28 所示。

8）管理员登录后，可以在管理后台管理课程、班级、直播等内容，如图 10-29 所示。

图 10-28　登录系统

图 10-29　管理课程

10.5　工作任务 24——在 CentOS 7 中搭建 LNMP 并部署 WordPress

10.5.1　任务目的

新星公司信息中心技能比武的第三个项目是在 CentOS 7 操作系统中搭建 LNMP 环境，即在 CentOS 7 系统中搭建 Nginx、MySQL（或 MariaDB）和 PHP 环境，在 LNMP 环境中部署 WordPress 应用系统。

10.5.2　任务规划

CentOS 7 操作系统规划系统 IP 地址为 192.168.100.10，Web 服务采用 Nginx 1.16，数据库采用 MySQL 8.0，PHP 采用 PHP 7.4。

10.5.3　CentOS 7 基础环境配置

CentOS 7 基础环境配置与第 10.4.3 节中的配置相同，请参考 10.4.3 节内容。

10.5.4　安装 Nginx

1）设置 Nginx 的官方网络 yum 源。

[root@localhost ~]# rpm -Uvh http://nginx.org/packages/centos/7/noarch/RPMS/nginx-release-centos-7-0.el7.ngx.noarch.rpm
[root@localhost ~]# yum clean all
[root@localhost ~]# yum makecache

2）安装 Nginx。

[root@localhost ~]# yum install -y nginx

3）启动 Nginx。

工作任务 24

```
[root@localhost ~]# systemctl start nginx
[root@localhost ~]# systemctl enable nginx
```

4）查看 Nginx 版本。

```
[root@localhost ~]# nginx -v
nginx version: nginx/1.16.1
```

10.5.5　安装 PHP

1）配置 epel、remi 网络 yum 源，启用 PHP 7.4 Remi 存储库。

```
[root@localhost ~]# yum -y install https://dl.fedoraproject.org/pub/epel/epel-release-latest-7.noarch.rpm
[root@localhost ~]# yum -y install https://rpms.remirepo.net/enterprise/remi-release-7.rpm
[root@localhost ~]# yum -y install yum-utils
[root@localhost ~]# yum-config-manager --enable remi-php74
[root@localhost ~]# yum clean all
[root@localhost ~]# yum makecache
```

2）检查之前安装的 PHP 软件包。

```
[root@localhost ~]# yum list installed |grep php
```

如果之前安装过 PHP，建议将之前的版本删掉，以免出现版本冲突。

```
[root@localhost ~]# yum -y remove php*
```

3）在 LAMP 中，PHP 作为 Apache 加载的一个模块。而在 LNMP 中，php-fpm 作为一个独立的服务。这是 LAMP 与 LNMP 的不同之处。建议安装 php74-php、php74-php-cli、php74-php-common、php74-php-fpm、php74-php-gd、php74-php-mbstring、php74-php-intl、php74-php-mcrypt、ph74-php-mysql、php74-php-mysql、php74-php-pdo、php74-php-xml、php74-php-odbc 等 PHP 软件包。

```
[root@localhost ~]#yum install -y php74-php php74-php-cli php74-php-common php74-php-fpm php74-
php-gd php74-php-mbstring php74-php-intl php74-php-mcrypt ph74-php-mysql   php74-php-mysql   php74-
php-pdo   php74-php-xml   php74-php-odbc
```

4）Apache 中，PHP 可以作为 Web 服务的一个模块来加载。在 Nginx 中，PHP 作为一个单独的服务。启动 php74-php-fpm 服务。

```
[root@localhost ~]# systemctl start php74-php-fpm
[root@localhost ~]# systemctl enable php74-php-fpm
Created   symlink   from   /etc/systemd/system/multi-user.target.wants/php74-php-fpm.service   to
/usr/lib/systemd/system/php74-php-fpm.service.
```

10.5.6　安装 MySQL

1）设置 MySQL 官方网络 yum 源。

```
[root@localhost ~]# rpm -Uvh --nodeps --force https://dev.mysql.com/get/mysql80-community-release-
el7-3.noarch.rpm
[root@localhost ~]# yum clean all
```

```
[root@localhost ~]# yum makecache
```

2）使用 yum 命令安装 MySQL。

```
[root@localhost ~]# yum install -y mysql-community-server
```

3）启动 MySQL。

```
[root@localhost ~]# systemctl start mysqld
[root@localhost ~]# systemctl enable mysqld
```

4）为了加强安全性，MySQL 8.0 为 root 用户随机生成了一个密码，在/var/log/mysqld.log 文件中。执行以下命令查看 root 临时密码，其中的 t_llO:aij7Yy 就是 root 账户临时密码。

```
[root@localhost ~]# grep 'temporary password' /var/log/mysqld.log
2020-04-17T08:37:07.217771Z 5 [Note] [MY-010454] [Server] A temporary password is generated for root@localhost: t_llO:aij7Yy
```

5）登录 MySQL 设置 root 账户密码，MySQL 8.0 对密码复杂度有要求，如将 root 密码设置为 Sdcet12#$。设置远程连接权限。

```
[root@localhost ~]# mysql -uroot -p
Enter password:                                        //输入查询到的口令 t_llO:aij7Yy
Welcome to the MySQL monitor.    Commands end with ; or \g.
Your MySQL connection id is 9
Server version: 8.0.19
Copyright (c) 2000, 2020, Oracle and/or its affiliates. All rights reserved.
Oracle is a registered trademark of Oracle Corporation and/or its
affiliates. Other names may be trademarks of their respective
owners.
Type 'help;' or '\h' for help. Type '\c' to clear the current input statement.
mysql> ALTER USER 'root'@'localhost' IDENTIFIED BY 'Sdcet12#$';
Query OK, 0 rows affected (0.03 sec)
mysql> use mysql
Reading table information for completion of table and column names
You can turn off this feature to get a quicker startup with -A
Database changed
mysql> update user set host='%' where user ='root';
Query OK, 1 row affected (0.01 sec)
Rows matched: 1    Changed: 1    Warnings: 0
mysql> select host,user from user;
+-----------+------------------+
| host      | user             |
+-----------+------------------+
| %         | root             |
| localhost | mysql.infoschema |
| localhost | mysql.session    |
| localhost | mysql.sys        |
```

```
+-----------+-----------------+
4 rows in set (0.00 sec)
mysql> ALTER USER 'root'@'%' IDENTIFIED WITH mysql_native_password BY 'Sdcet12#$';
Query OK, 0 rows affected (0.01 sec)
mysql> flush privileges;
Query OK, 0 rows affected (0.01 sec)
mysql> exit
```

6）查看 MySQL 数据库版本。

```
[root@localhost ~]# mysql --version
mysql    Ver 8.0.19 for Linux on x86_64 (MySQL Community Server - GPL)
```

10.5.7　测试 LNMP 环境

1．测试 PHP 环境

1）在 Nginx 服务中创建测试站点，站点目录为/usr/share/nginx/test。

```
[root@localhost ~]# mkdir /usr/share/nginx/test
```

2）创建测试 PHP 环境页面。

```
[root@localhost ~]# vim /usr/share/nginx/test/index.php
<?php
phpinfo();
?>
```

3）在 Nginx 服务中配置一个测试虚拟主机。

```
[root@localhost ~]# vim /etc/nginx/conf.d/test.conf
server {
        listen 8080;
        server_name 192.168.100.10:8080;
        location / {
            root /usr/share/nginx/test;
            index index.php index.html;
        }
        location ~ \.php$ {
        fastcgi_pass     127.0.0.1:9000;
        fastcgi_index    index.php;
        fastcgi_param    SCRIPT_FILENAME        /usr/share/nginx/test$fastcgi_script_name;
        include          fastcgi_params;
        }
}
```

4）重启 Nginx 服务。

```
[root@localhost ~]# systemctl restart nginx
```

5）打开浏览器，在地址栏中输入"http://192.168.100.10:8080"，按〈Enter〉键后，显示如图 10-30 所示的页面。

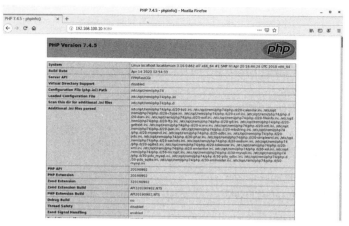

图 10-30　PHP 环境测试页面

2．测试 PHP 能否连接数据库 MySQL

1）在上述测试站点目录中创建连接数据库测试页面。

[root@localhost ~]# vim /usr/share/nginx/test/mysqltest.php

文件内容如下。

```php
<?php
$conn=new mysqli("192.168.100.10","root","Sdcet12#$");
if($conn->connect_error){
    die("mysql-link-faile:". $conn->connect_error);
}
echo "mysql-link-ok";
?>
```

2）重启 Nginx 服务。

[root@localhost ~]# systemctl restart nginx

3）打开浏览器，在地址栏中输入"http://192.168.100.10:8080/mysqltest.php"，按〈Enter〉键后如果在打开的页面中显示"mysql-link-ok"，则说明 PHP 连接数据库没问题，如图 10-31 所示。

mysql-link-ok

图 10-31　PHP 连接 MySQL 测试页面

10.5.8　部署 WordPress

1．下载 WordPress

1）从 WordPress 中国官网（https://cn.wordpress.org/download）下载 WordPress 的 tar.gz

压缩包，使用 XFTP 等软件上传到服务器/root 目录下。

或者使用 wget 命令直接下载。

```
[root@localhost ~]# wget https://cn.wordpress.org/latest-zh_CN.tar.gz
```

2）解压缩安装包。

```
[root@localhost ~]# tar -zxvf wordpress-5.4-zh_CN.tar.gz
```

3）创建 WordPress 站点目录。

```
[root@localhost ~]# mkdir /usr/share/nginx/wordpress
```

4）将解压缩后的文件复制到站点目录下。

```
[root@localhost ~]# cp   -r   /root/wordpress/*   /usr/share/nginx/wordpress/
```

5）放开站点目录权限。

```
[root@localhost ~]# chmod   777   -R   /usr/share/nginx/wordpress/
```

2．创建 WordPress 数据库

登录 MySQL，创建数据库 WordPress。

```
[root@localhost ~]# mysql -uroot -pSdcet12#$
mysql: [Warning] Using a password on the command line interface can be insecure.
Welcome to the MySQL monitor.    Commands end with ; or \g.
Your MySQL connection id is 17
Server version: 8.0.19 MySQL Community Server - GPL
Copyright (c) 2000, 2020, Oracle and/or its affiliates. All rights reserved.
Oracle is a registered trademark of Oracle Corporation and/or its
affiliates. Other names may be trademarks of their respective
owners.
Type 'help;' or '\h' for help. Type '\c' to clear the current input statement.
mysql> create database wordpress;
Query OK, 1 row affected (0.03 sec)
mysql> show databases;
+--------------------+
| Database           |
+--------------------+
| information_schema |
| mysql              |
| performance_schema |
| sys                |
| wordpress          |
+--------------------+
5 rows in set (0.01 sec)
mysql>exit
```

3．配置 WordPress 虚拟主机

1）在 hosts 文件中解析 www.mywordpress.com 主机。

```
[root@localhost ~]# vim /etc/hosts
127.0.0.1       localhost localhost.localdomain localhost4 localhost4.localdomain4
::1                  localhost localhost.localdomain localhost6 localhost6.localdomain6
192.168.100.10    www.mywordpress.com
```

2）创建虚拟主机配置文件 mywordpress.conf。

```
[root@localhost ~]# vim /etc/nginx/conf.d/mywordpress.conf
server {
        listen 80;
        server_name www.mywordpress.com;
        location / {
            root /usr/share/nginx/wordpress;
            index index.php index.html;
        }
    location ~ \.php$ {
        fastcgi_pass    127.0.0.1:9000;
        fastcgi_index   app.php;
    fastcgi_param    SCRIPT_FILENAME        /usr/share/nginx/wordpress$fastcgi_script_name;
        include         fastcgi_params;
    }
}
```

3）重启 Nginx 服务。

```
[root@localhost ~]# systemctl restart nginx
```

4）打开浏览器，在地址栏中输入"http://www.mywordpress.com"，按〈Enter〉键后打开 WordPress 安装界面，如图 10-32 所示。

5）单击"现在就开始"按钮，在打开的界面中填写数据库信息，如图 10-33 所示。

图 10-32　WordPress 安装界面

图 10-33　输入数据库连接信息

6）数据库及表创建完成，显示数据库配置完成界面，如图 10-34 所示。

7）单击"现在安装"按钮，打开站点信息设置界面，在各文本框中输入站点信息，如图 10-35 所示。

```
```

图 10-34　数据库配置完成

图 10-35　设置站点信息

8）站点信息配置完成后，进入登录站点界面，输入登录账户名及密码，如图 10-36 所示。

9）登录后，打开 WordPress 仪表盘界面，如图 10-37 所示。

图 10-36　登录站点

图 10-37　WordPress 仪表盘

10）可以根据自己的喜好设置站点，如图 10-38 所示。

11）也可以发布自己的第一篇 Blog，如图 10-39 所示。

图 10-38　自定义站点

图 10-39　发布 Blog

12）在浏览器的地址栏中输入"http://www.mywordpress.com"，按〈Enter〉键后可以浏览站点，如图 10-40 所示。

图 10-40　浏览站点

在第 9 章介绍过在 Docker 容器中部署 WordPress，有兴趣的读者可以比较通过服务器技术部署 WordPress 与 Docker 部署 WordPress 的异同。

10.6　本章总结

本章关于 PXE、LAMP 和 LNMP 的实训都是多个服务的综合应用，通过这几个综合实训可训练读者的服务安装、配置与管理综合工作技能，通盘考虑而不是顾此失彼。本章的重点内容如下：

1）PXE 的基本工作原理，LAMP、LNMP 的基本概念。

2）配置 PXE 母机，实现通过网络批量安装 CentOS 7 系统。

3）LAMP 基本环境的搭建与测试，LAMP 环境下部署具体应用。

4）LNMP 基本环境的搭建与测试，LNMP 环境下部署具体应用。

10.7　习题与实训

一、填空题

1．PXE 母机的配置过程中，用到了_____、_____、_____等服务。

2．LAMP 中的 L 是_____，A 是_____，M 是_____，P 是_____。

3．LNMP 中的 L 是_____，N 是_____，M 是_____，P 是_____。

二、简答题

1．简述 PXE 母机搭建过程。

2．简述 LAMP 环境搭建过程。

3．简述 LNMP 环境搭建过程。

三、实训

1．PXE 批量安装 CentOS 7 操作系统

实训目的：掌握 Centos 7 系统 PXE 母机的搭建，使用 PXE 母机实现通过网络自动批量安装 CentOS 7。

实训环境：网络环境中装有 CentOS 7 操作系统的计算机。

实训步骤：

1）PXE 母机基本规划，CentOS 7 系统的基本配置。

2）DHCP 服务的搭建，注意 next-server、filename 两个参数。

3）TFTP 服务的配置，注意 TFTP 服务依赖 xinetd 服务。

4）安装 syslinux，注意文件复制的路径。

5）安装 httpd 服务或 FTP 服务，准备 ks.cfg 文件和操作系统镜像。

6）客户机测试。注意在网络中除 PXE 母机之外一定不要有其他 DHCP 服务。

7）安装 kickstart，测试能否生成可用的 ks.cfg 文件。

8）撰写实训报告。

2．在 CentOS 7 系统中搭建 LAMP 环境、部署 WordPress

实训目的：掌握 LAMP 环境搭建过程，掌握在 LAMP 环境中搭建 WordPress 的方法。

实训环境：网络环境中装有 CentOS 7 操作系统的计算机。

实训步骤：

1）CentOS 7 基本环境搭建，注意一定要能访问外网。

2）安装 Apache，并启动。

3）安装 PHP，测试 PHP 环境。

4）安装 MySQL，MySQL 初始化操作，测试 PHP 能否连接 MySQL。

5）从 WordPress 中国官网下载 WordPress 安装包，解压缩。

6）在 Apache 服务下配置 WordPress 虚拟主机站点。

7）在浏览器中安装、配置、应用 WordPress。

8）撰写实训报告。

3．在 CentOS 7 系统中搭建 LNMP 环境、部署 Discuz 论坛

实训目的：掌握 LNMP 环境搭建过程，掌握在 LNMP 环境中搭建 Discuz。

实训环境：网络环境中装有 CentOS 7 操作系统的计算机。

实训步骤：

1）CentOS 7 基本环境搭建，注意一定要能访问外网。

2）安装 Nginx，并启动。

3）安装 PHP，测试 PHP 环境。

4）安装 MariaDB，MariaDB 初始化操作，测试 PHP 能否连接 MariaDB。

5）从 Discuz 官网下载 Discuz 安装包，解压缩。

6）在 Nginx 服务下配置 Discuz 虚拟主机站点。

7）在浏览器中安装、配置、应用 Discuz。

8）撰写实训报告。

参 考 文 献

[1] 钱峰，等. Linux 网络操作系统配置与管理[M]. 2 版. 北京：高等教育出版社，2018.

[2] 杨云，等. 网络服务器搭建、配置与管理[M]. 3 版. 北京：人民邮电出版社，2019.

[3] 汪卫明. Windows Server 2016 网络操作系统项目化教程[M]. 北京：高等教育出版社，2019.

[4] 孙亚南，等. CentOS 7.5 系统管理与运维实战[M]. 北京：清华大学出版社，2019.

[5] 杨保华，等. Docker 技术入门与实战[M]. 3 版. 北京：机械工业出版社，2019.

[6] 李晨光，等. 虚拟化与云计算平台构建[M]. 北京：机械工业出版社，2016.

[7] 王国鑫，等. 网络服务器配置与管理[M]. 2 版. 北京：机械工业出版社，2015.

[8] 教育部. 关于做好第二批 1+X 证书制度试点工作的通知[EB/OL].（2019-09-11）[2020-04-18].http://www.moe.gov.cn/s78/A07/A07_gggs/A07_sjhj/201909/t20190916_399277.html.

[9] 教育部. 关于参与 1+X 证书制度试点第三批职业教育培训评价组织和职业技能等级证书的公示公告[EB/OL].（2019-12-27）[2020-04-18].http://www.moe.gov.cn/s78/A07/A07_gggs.

[10] 气球鱼学院. Linux 环境下安装 EduSoho[EB/OL]. [2020-04-18]. http://www.qiqiuyu.com/course/20.